Traktoren
aus aller Welt

MASSEY · FERGUSON
390

John Carroll

Traktoren aus aller Welt

KARL MÜLLER VERLAG

ISBN 3-86070-807-4

1 2 3 4 5 3 2 1 00 9

Titel der Originalausgabe: The World's Greatest Tractors
Übersetzung aus dem Englischen:
Jürgen Brust, M. A.

SEITE 2: Der Traktor Massey-Ferguson 390 stammt aus der Baureihe 300 und hat einen Turbodieselmotor.

SEITE 3: Der Traktor John Deere 6800 ist eines der Modelle aus der Baureihe 6000.

RECHTS: Fiat-Traktoren wie dieser 315 von 1966 wurden oft im Ausland unter anderem Namen verkauft. In den Vereinigten Staaten beispielsweise verkaufte Oliver Fiat-Traktoren, um sein Programm nach unten hin abzurunden.

RECHTE SEITE: Ein Case 4230

INHALT

Danksagung
Der Autor und die Fotografen danken den Eigentümern und Herstellern, die ihre Traktoren fotografieren ließen. Besonderer Dank gilt den Organisatoren folgender Oldtimer- und Landwirtschaftsausstellungen: HMT Historisch Festival, Niederlande; Great Dorset Steam Fair, England; La Locomotion en Fête, Frankreich und der Western Minnesota Steam Threshers Reunion, USA.

Fotografien von Andrew Morland, Ian Clegg, John Carroll und Garry Stuart.

OBEN: Ein Massey-Ferguson 399 bei der Arbeit in der sanften Hügellandschaft der Malvern Hills in Worcestershire, England.

RECHTS: Ein John Deere 7800 zusammen mit einem Pflug, der ebenfalls von John Deere kommt.

Einleitung

Ein experimenteller Motorkultivator von Ford aus dem Jahr 1910. Für das Fahrzeug wurden Teile aus dem Ford „T" verwendet.

Es wird allgemein akzeptiert, dass die Ära des motorisierten Transports im Jahr 1769 begann. In diesem Jahr baute Nicholas Cugnot ein dreirädriges Dampffahrzeug – die erste speziell zu diesem Zweck gebaute Maschine. Sie fuhr mit bis zu 6 km/h durch die Straßen von Paris und konnte vier Personen befördern. Ein walisischer Erfinder, Oliver Evans, der in die USA emigriert war und in Maryland lebte, baute 1772 einen primitiven Dampfwagen. Er untersuchte die Möglichkeiten des Dampfantriebs und erhielt 1787 die Genehmigung, die Entwicklung weiterzuführen. Sein Wagen wurde niemals produktionsreif, aber er baute einen dampfgetriebenen Bagger, den er von seiner Werkstatt bis zum Fluss Schuilkyll und von dort bis nach Delaware fuhr. Im Jahr 1788 wurde in Großbritannien ein ähnliches Fahrzeug, der Fourness, gebaut. Bis zum Jahr 1831 war die Entwicklung schon so weit, dass Männer wie Sir Charles Dance und Walter Hancock Dampfomnibuslinien betrieben. Hancocks Busse waren bis zu 32 km/h schnell. Die Eisenbahn hatte Hochkonjunktur, und mit ihr kam es zur Motorisierung von Straßenfahrzeugen und anderen Maschinen, auch in der

Links: Dieser Ford-Automobilpflug von 1906 hatte einen Vierzylindermotor und ein Getriebe aus dem Ford „B“.

Landwirtschaft. In Europa und in den USA experimentierte man mit Verfahren zur praktischen Nutzung der neuen Möglichkeiten.

In den letzten Jahren des 19. Jahrhunderts erschienen die ersten Fahrzeuge mit Verbrennungsmotoren. Namen wie Benz, Daimler, De Dion, Panhard und Peugeot waren auf dem europäischen Festland populär, während in England Albion, Dennis, Humber, Napier, Sunbeam und Wolseley erschienen. Thornycroft baute 1896 das erste kommerzielle Fahrzeug, das nicht nur praktisch, sondern auch zukunftsweisend war. Im gleichen Jahr setzte das britische Parlament ein Gesetz außer Kraft, wonach vor jedem Fahrzeug mit Verbrennungsmotor ein Mann mit einer roten Flagge laufen musste, um die Passanten vor der Gefahr zu warnen. Der Wegfall dieser merkwürdigen Bestimmung machte den Weg frei für die Weiterentwicklung von Dampfmaschinen und Verbrennungsmotoren. Ein Jahr

Links: Ein HSCS-Traktor aus Ungarn im Jahr 1924 bei der harten Arbeit. Er verfügte über einen 14-PS-Motor.

Ein Archivfoto eines Sanderson Universal Modell „G" mit einem Motor von ca. 20–25 PS. Er wird zum Wegziehen gefällter Bäume eingesetzt.

zuvor hatte Richard F. Stewart aus Pocantico Hills, New York, seinen ersten Lastwagen mit einem 2-PS-Motor von Daimler und Innengetriebe gebaut. Zwei Jahre später verkaufte er Dampflastwagen mit Schiffskesseln und stehenden Maschinen. Wenige Jahre darauf baute Thornycroft schon den ersten Sattelschlepper der Welt. Das britische Heer erkannte früh die Möglichkeiten dieser Fahrzeuge und beschaffte bereits 1899 die ersten Exemplare für den Burenkrieg. Die Dampfmaschinen wurden zum Ziehen von Artilleriegeschützen eingesetzt. 1896 baute Leyland die ersten Fahrzeuge für die Lancashire Steam Motor Company. Es handelte sich um einen Lieferwagen mit einem ölbefeuerten Kessel und einer Zweizylinder-Verbundmaschine. Die Hersteller der Dampfzugmaschinen bauten nun auch dampfgetriebene Lastwagen. Foden sollte weltweit zum größten Hersteller von Dampffahrzeugen werden.
Im Jahr 1897 bot die Daimler Motor Company in Coventry ein

Nutzfahrzeug mit Benzinmotor an. Die Konstruktion kam von Panhard, der Verbrennungsmotor von Daimler.
Ausgehend von diesem Fahrzeug baute Daimler ähnliche Modelle, während auf der anderen Seite des Atlantiks der erste Mack aus einer Werkstatt in Brooklyn rollte. Die Firma war von fünf Brüdern deutscher Herkunft zunächst als Schmiede aufgebaut worden. Von dieser Tätigkeit verlegten sie sich allmählich auf die Produktion von Lastwagen. Der erste Mack soll angeblich eine Million Meilen zurückgelegt haben. Im Jahr 1904 bauten die Brüder einen Ausflugsautobus, den sie Manhattan nannten. Ein Jahr später konnten sie bereits nach Allentown, Pennsylvania ziehen, wo sie das Modell AC vorstellten. Dieser Lastwagen mit Pressstahlrahmen und Vierzylinder-Ottomotor erhielt den Spitznamen „Bulldog Mack". Für die Kraftübertragung sorgten ein Dreiganggetriebe und eine Nebenwelle, die die Hinterräder mit ihren Vollstahlrädern über eine Kette antrieb. Der Lastwagen hatte, zu seiner Zeit höchst ungewöhnlich, eine Fahrerkabine hinter der Motorhaube. Der AC wurde in großer Zahl an das britische Heer in Frankreich geliefert. Dort erhielt er auch den Namen „Bulldog".
Eine weitere bahnbrechende Entwicklung von Mack war der Vorläufer des heutigen Frontlenkers. Die Ingenieure erkannten, dass auf dem gleichen Chassis eine längere Pritsche montiert werden konnte, wenn der Fahrer über dem Motor saß. Die expandierende Firma baute auch den Mack Junior, einen Zweitonner für leichtere Lasten, der in vieler Hinsicht der Vorläufer unserer heutigen Lieferwagen ist. Andere Firmen konzentrierten sich inzwischen auf spezielle Geräte für die Landwirtschaft. Aus den gemeinsamen Wurzeln entwickelten sich schließlich LKW, Omnibusse, PKW, Lieferwagen und natürlich Traktoren. Im Lauf des Jahrhunderts entwickelten sie sich enorm weiter, und aus den ersten primitiven, unzuverlässigen Traktoren sind heute hochentwickelte, präzise Maschinen geworden. Zu den neuesten Errungenschaften zählen Turbodieselmotoren, Vierradantrieb und Komfortattribute wie vibrationsfreie, klimatisierte Kabinen.
Der Vierradantrieb und die zu Grunde liegende Technik haben seit ihrer Erfindung enorme Fortschritte gemacht. Der Unterschied zwischen Zweiradantrieb und Vierradantrieb liegt lediglich in einer etwas anderen Kraftübertragung, die statt einer Achse zwei Achsen antreibt. Herkömmliche Fahrzeuge mit

International Harvester brachte den ersten Radtraktor mit Dieselmotor im Jahr 1934 und nannte ihn WD-40. Er wurde von einem Vierzylindermotor angetrieben, und die Zahl in der Bezeichnung deutet darauf hin, dass die Leistung irgendwo im Bereich von 40 PS liegt. Tatsächlich waren es 44 PS.

LANZ
16 km

LINKE SEITE: Der Lanz Bulldog war von Anfang an sehr populär. Die Baureihe wurde schnell um etliche Versionen erweitert, darunter auch ein Raupenschlepper. Der Bulldog überstand den Krieg und wurde danach neu aufgelegt. In den 50er Jahren wurde er auf Wunsch mit einem hydraulischen Kraftheber ausgerüstet.

LINKS: Ein Traktor VAK 1 von David Brown wird beim Hersteller erprobt.

Vierradantrieb verfügten in der Regel über schraubengefederte oder blattgefederte Starrachsen. Um die Differenziale in beiden Achsen anzutreiben, muss das Getriebe über zwei Antriebswellen verfügen, eine für die Vorderachse und eine für die Hinterachse. Das Teil, das die Kraft auf beide Achsen verteilt, ist das Verteilergetriebe. Für optimalen Vortrieb im Gelände verfügt es oft über eine hohe und eine niedrige Übersetzung, wobei die letztere im Geländebetrieb zum Einsatz kommt. Bei vielen 4x4-Fahrzeugen gibt es zu diesem Zweck einen zweiten Schalthebel. Der Begriff 4x4 stammt übrigens vom Militär. Die erste Zahl bezieht sich auf die Anzahl der Räder eines Fahrzeugs, die zweite darauf, wie viele Räder angetrieben sind. So gibt es auch 6x6- und 6x4-Fahrzeuge, in der Regel Lastwagen oder Baumaschinen.

Es gibt zwei Arten von Allradantrieb, den permanenten und den zuschaltbaren. Beim permanenten Allradantrieb sind ständig alle Räder des Fahrzeugs angetrieben, während der Fahrer beim zuschaltbaren Allradantrieb die Möglichkeit hat, diesen nur auf schwierigen Wegen einzusetzen. Der Grund für diese Wahlmöglichkeit liegt in einem Phänomen, das als „Verdrehen" bezeichnet wird. So verfügt zwar jede Achse über ein Differenzial, das Getriebe selbst hat aber keines. Daher drehen sich beide Antriebswellen gleich schnell. Bei der Fahrt auf losem oder matschigem Boden fällt das Verdrehen nicht ins Gewicht, auf Straßen mit guter Oberfläche hingegen schon. Wenn die Räder sich in Kurven mit unterschiedlichen Geschwindigkeiten drehen, fängt das Getriebe an, sich zu verspannen. Dies sorgt wiederum für erhöhten Reifenverschleiß, Schwierigkeiten beim Schalten und schließlich zu Getriebeschäden. Daher musste für den permanenten Allradantrieb ein System entwickelt werden, das diese Verspannungen im Getriebe verhindert. Als Lösung verfiel man darauf, im Getriebe ein weiteres Differenzial zu installieren, sodass die Antriebswellen sich mit unterschiedlicher Geschwindigkeit drehen konnten. Das sorgte allerdings für neue Probleme, denn bei einem Differenzial neigt die Kraft dazu, dorthin zu gehen, wo die Räder sich am leichtesten drehen. So kann es bei einem Fahrzeug mit Vierradantrieb dazu kommen, dass drei Räder auf festem Grund stehen und ein Rad sich im Matsch dreht und das ganze Fahrzeug nicht vorankommt! Beim zuschaltbaren Vierradantrieb wäre die Situation ähnlich, wenn an jeder Achse ein Rad steckenbleibt. Als Lösung dieses Problems wurde die Differenzialsperre entwickelt. Der Fahrer eines Traktors mit permanentem Vierradantrieb kann mit Hilfe eines Hebels das Differenzial sperren. Das heißt, dass das Differenzial im Getriebe außer Kraft gesetzt wird. Damit entspricht das System wieder einem mit zuschaltbarem Vierradantrieb. In letzter Zeit wurde auch vermehrt eine Viskosekupplung eingebaut, die automatisch die Differenzialsperre einschaltet, sobald eines der Räder durchdreht. Um die Geländegängigkeit eines Fahrzeugs noch weiter zu verbessern, ist es möglich, Sperrdifferenziale auch an der Vorder- oder Hinterachse zu installieren. Solche Differenziale werden inzwischen von vielen Herstellern in aller Welt angeboten.

Die Starrachse, im Prinzip ein Rohr, in dem sich das Differenzial und die Halbwellen befinden, ist in vielen Fahrzeugen mit Allradantrieb zu finden; daneben setzt sich aber auch die Einzelradaufhängung immer mehr durch. Bei ihnen ist das Differenzial am Chassis befestigt, und die Antriebswellen verlaufen offen zu den Naben. Steyr-Puch hat dieses System beim Haflinger und beim Pinzgauer benutzt. Bei der Wahl der Achse und der Radaufhängung spielt nicht nur der Fahrkomfort eine Rolle; wichtig ist vor allem, dass alle Räder Bodenkontakt haben. Ist dies nicht der Fall, geht der Vortrieb verloren. Die Bewegung der Achse über dem Gelände wird als Federweg bezeichnet. Je größer er ist, desto besser ist die Geländegängigkeit des Fahrzeugs.

Das Fahren eines Traktors auf der Straße oder im Gelände verlangt eine andere Technik als bei herkömmlichen Fahrzeugen. Um eine ausreichende Bodenfreiheit sicherzustellen, sind Traktoren sehr hoch. Die Räder haben einen Durchmesser von ca. 40 cm, und Motor und Getriebe sind oberhalb der Achsen eingebaut. Das führt zu einem sehr hohen Schwerpunkt, und der Traktor kippt schnell um, wenn man nicht gut aufpasst. Beim Herunterfahren von steilen Abhängen muss die Bremswirkung von Motor und Getriebe genutzt werden. Wenn das Bremspedal benutzt wird, blockieren die Räder schnell, und das Fahrzeug gerät außer Kontrolle. Abhänge sind stets schräg hoch- und herunterzufahren, damit der Traktor nicht umkippt. Bei tiefem Wasser ist darauf zu achten, dass kein Wasser in den Motor, das Getriebe und die Achsen eindringt und diese Komponenten beschädigt. Abseits der Straße lauern aber auch andere Gefahren, zum Beispiel bei der Benutzung von Winden in der Forstwirtschaft. Beim Betrieb von Winden sind Sicherheitsverfahren stets zu beachten: Der Bediener sollte immer Handschuhe tragen, um seine Hände vor beschädigten Strängen zu schützen. Bei straffen Kabeln ist immer ein Sicherheitsabstand zu halten für den Fall, dass das Seil reißt. Dabei werden so starke Kräfte frei, dass der Bediener schwer verletzt oder sogar getötet werden kann. Daher sollte man auch nie über ein gespanntes Seil treten. Früher waren auch die Riemenscheiben zum Antrieb von Zusatzgeräten echte Gefahrenquellen.

Traktoren finden sich in jedem Bereich der Landwirtschaft und sind in letzter Zeit echte High-Tech-Geräte geworden. Die Gefahren sind dadurch jedoch nicht geringer geworden. In Yorkshire in England sind beispielsweise zwischen 1988 und 1993 sieben Personen bei Traktorenunfällen getötet worden; weitere 21 wurden schwer verletzt. Oft kommen solche schweren Unfälle vor, wenn ein Traktor über einen Berg gefahren wird und dann umkippt. Auch von den Zusatzgeräten gehen ständig Gefahren aus. Wenn man diese Unfallzahlen auf den nationalen oder internationalen Maßstab hochrechnet, erkennt man sofort, dass das Fahren und Bedienen von Traktoren nicht so einfach ist, wie es aussieht.

LINKE SEITE: White übernahm im Jahr 1960 Oliver und baute den Oliver 55 weiter.

UNTEN: Ein französischer Someca bei der Arbeit auf einer Oldtimerausstellung.

Kapitel 1

Zum Patent angemeldet: 1900–1920

Die Mechanisierung der Landwirtschaft lässt sich zurückverfolgen bis zum Ende des 17. Jahrhunderts. Damals hatte der englische Landwirt Jethro Tull die Drillmaschine erfunden. Andrew Meikle entwickelte ein Gerät, aus dem später die mechanische Dreschmaschine wurde. Natürlich konnten zum Antrieb nur Pferde oder Ochsen benutzt werden. Schon bei den ersten Maschinen war man sich darüber im Klaren, dass man irgendeine Antriebsquelle benötigte, und es gab auch verschiedene Experimente. Dabei erwies sich die Dampfmaschine als durchaus vielversprechend, und es gab bald die ersten Geräte wie die Dampfpumpe von Thomas Newcomen. Das Konzept wurde von James Watt und Nicholas Cugnot weiter verfeinert. Der letztere baute 1769 eine dreirädrige Artilleriezugmaschine mit Dampfantrieb. Dieses Fahrzeug war das erste motorisierte Fahrzeug, das ausdrücklich für den Transport gedacht war. Es stieß aber nach einer misslungenen Probefahrt, die in einer Mauer endete, auf wenig Begeisterung. Erst mit dem Erscheinen der Dampflokomotive wandte man sich auch wieder Fahrzeugen zu, die unabhängig von Schienen fahren konnten. Der

LINKE SEITE: Im Lauf der Jahre wurden viele kleinere Traktorenhersteller von ihren größeren Konkurrenten geschluckt. Advance Rumely übernahm Aultman und wurde im Jahr 1931 wiederum von Allis-Chalmers übernommen.

LINKS: Ein Allis-Chalmers mit 20–35 PS. Die Stahlräder fallen deutlich ins Auge. Der nächste Fortschritt bei der Traktorenentwicklung sollten dann die Luftreifen werden. Allis-Chalmers heuerte sogar Rennfahrer an, um die Qualitäten seiner Traktoren unter Beweis zu stellen.

HART
PARR
HART-PARR
28 50

Dampfschlepper wurde immer weiter verbessert und konnte schon bald praktisch in der Landwirtschaft genutzt werden. In erster Linie kamen allerdings zunächst Stationärmaschinen zum Einsatz, die Dreschmaschinen und andere Geräte antrieben. Eine Ausnahme bildete das sogenannte Dampfseilpflügen. Beim Pflügen von Feldern verfuhr man in der Regel so, dass ein Pflug mit Hilfe einer Winde hin und her über das Feld gezogen wurde. Auf die einfache Idee, den Pflug mit einer Maschine zu ziehen, kam man noch nicht, vielleicht weil es an geeigneten Fahrzeugen fehlte. Die Methode mit der Winde wurde mancherorts noch bis in die 30er Jahre unseres Jahrhunderts benutzt. Die riesigen Farmen in Nordamerika und Südafrika verlangten ganz besonders nach immer mehr Mechanisierung. Der Fortschritt kam schließlich in der Form des Verbrennungsmotors und den dazu gehörigen zeitgenössischen Entwicklungen. Vom ersten brauchbaren Verbrennungsmotor bis zum praxisgerechten Traktor für die Landwirtschaft war es nur noch ein kleiner Schritt.

John Charter baute in Stirling, Illinois, Ottomotoren. Einen dieser Motoren setzte er auf Chassis und Räder eines Dampf-Lokomobils und baute so seinen ersten Traktor. Dieser Traktor wurde 1889 erfolgreich auf einer Weizenfarm in South Dakota eingesetzt, und Charter baute danach noch weitere Traktoren dieser Art. Bis 1892 gab es schon eine Reihe von Firmen, die Traktoren mit Verbrennungsmotoren anboten. John Frohlich baute ein Fahrzeug mit einem Einzylindermotor von Van Duzen und einem Getriebe eigener Konstruktion. Als Basis diente ein Chassis eines Dampfwagens. Frohlich hatte bereits Erfahrungen in der Landwirtschaft, denn er hatte zuvor als Lohndrescher gearbeitet. Demzufolge kannte er den Motorisierungsbedarf in der Landwirtschaft. Schließlich kaufte er sich einen Wohnwagen und einen großen Case-Drescher und brachte alles per Eisenbahn nach Langford, South Dakota. Hunderte von Leuten sollen zugesehen haben, wie er die Dreschmaschine sieben Wochen lang ununterbrochen Weizen dreschen ließ. Dabei gab es keine einzige Störung, was natürlich eine großartige Werbung für die Maschine war. Mit der Unterstützung einiger Geschäftsleute aus Iowa gründete er die Waterloo Gasoline Traction Engine Company. Später entfiel das Wort „Traction", und die Firma baute eine Zeit lang nur noch Stationärmotoren. Erst im Jahr 1912 erschien der nächste Traktor.

LINKE SEITE: Ein Hart-Parr 28-50. Hart-Parr, einer der Pioniere auf diesem Gebiet, stellte im Boom der Nachkriegsjahre sein Programm um. Zu den neuen Modellen zählte der kleinere 12-25 mit einem liegenden Zweizylindermotor.

LINKS: Der Samson Iron Horse wurde nur kurze Zeit von General Motors im Werk Janesville, Wisconsin, hergestellt.

OBEN: Der Heider C 12-20 von Rock Island Plow aus Illinois war der erste Traktor mit mehr als zwei Vorwärtsgängen, der beim Traktorenwettbewerb in Nebraska erprobt wurde.

RECHTE SEITE: Ein 40-PS-Vierzylinder-Traktor von Twin City aus dem Jahr 1910. Twin City Tractors, Minnesota Steel and Machinery, Minneapolis Threshing Machine Company und Moline Implement Company vereinigten sich unter dem Namen Minneapolis-Moline.

Bei anderen Firmen lief es ähnlich: Case experimentierte zunächst mit Ottomotoren von William Paterson, bevor er zur Dampfmaschine zurückkehrte. Andere kleine Firmen brachten es nur auf einzelne Prototypen. Huber aus Marion, Ohio, kaufte die Van Duzen Engine Company und baute etwa 30 Traktoren. In dieser Zeit wurden viele weitere Firmen gegründet, darunter die Otto Gas Engine Company und Kinnard-Haines aus Minneapolis.

Zwei andere Firmen, Deering und McCormick, bauten die ersten selbstfahrenden Mähmaschinen und trugen damit ihren Teil dazu bei, die Mechanisierung der amerikanischen Landwirtschaft weiter zu beschleunigen.

Auch in verschiedenen europäischen Ländern wurden die ersten zaghaften Schritte zur Mechanisierung unternommen. Nun waren die wirtschaftlichen Rahmenbedingungen hier aber völlig anders: Arbeitskräfte waren billiger und in größerer Zahl verfügbar als in den Vereinigten Staaten. In Deutschland baute Adolf Altona einen Traktor mit Einzylindermotor, dessen Räder über eine Kette angetrieben wurden. Dieses Fahrzeug war aber noch kein echter Erfolg. Dieser stellte sich erst nach den Versuchen von Rudolf Diesel ein. Er experimentierte mit einem Selbstzünder, der dank seiner hohen Kompression keine Fremdzündung benötigte. Dieser von ihm entwickelte Dieselmotor sollte später noch eine wichtige Rolle in der Landwirtschaft spielen. In England baute Hornsby aus Lincoln in den 1890er Jahren Traktoren einer anderen Firma in Lizenz, und auch Petter in Yeovil und Albone und Saunderson in Bedford befassten sich mit solchen Fahrzeugen.

Dan Albone war ein Fahrradhersteller, der kaum Erfahrungen im Bau von Dampfmaschinen hatte und deshalb die Konstruktion seines Traktors ganz anders angehen konnte. Er lieh sich ein paar Ideen aus der gerade aufblühenden Automobilindustrie und nannte seinen Traktor „Ivel", nach einem Fluss nahe seiner Heimatstadt. Das Fahrzeug hatte nur drei Räder, war aber praxisgerecht und dank seiner Anhängevorrichtung für verschiedenste landwirtschaftliche Aufgaben geeignet. Es war so erfolgreich, dass es in Serie produziert und sogar exportiert wurde. Die Firma hätte sicherlich zu den ganz Großen in der Industrie zählen können, aber Albone verstarb bereits 1906. Ohne seine Führung kam die Firma nicht mehr richtig auf die Beine und stellte 1916 die Produktion ein. Inzwischen waren andere Firmen auf diesem Sektor tätig, darunter Ransome aus Ipswich und Petter, der im Jahr 1903 seinen patentierten landwirtschaftlichen Traktor vorstellte. Marshall und Daimler bauten Fahrzeuge, die sie exportieren wollten. Zu diesem Zweck wurde 1908 ein Marshall-Traktor in Winnipeg ausgestellt. In Deutschland stellte Deutz im Jahr 1907 einen modernen Traktor und einen Motorpflug her. Die Deutsche Kraftpflug, Hanomag, Pohl und Lanz befassten sich ebenfalls mit dem Bau landwirtschaftlicher Maschinen. In Frankreich nahmen unter anderem De Souza und Gougis an einer Traktorenerprobung der nationalen Landwirtschaftsschule in Grignon bei Paris teil. Dabei mussten die Traktoren zahlreiche Pflichtversuche und freiwillige Prüfungen durchführen. Auch in anderen europäischen Ländern ging es langsam voran: Munktell baute 1913 in Schweden einen Traktor, Pavesi baute in Italien den Tipo B, und vor dem Ersten Weltkrieg baute eine russische Firma drei verschiedene Modelle. 1908 wurde in Australien der Traktor von McDonald vorgestellt. Darauf folgten Fahrzeuge von Jelbart und Caldwell-Vale.

Twin City
40
OIL TRACTOR
4 0

LINKE SEITE: Ein Oil Pull Rumely

Die wirtschaftlichen Umstände beiderseits des Atlantik hatten zur Folge, dass die meisten Traktoren in den Vereinigten Staaten gebaut wurden. Es erschienen die ersten Konstruktionen für die Kultivierung der riesigen Prärien, darunter Traktoren mit Ackerschienen, an die verschiedene Arbeitsgeräte wie Pflüge gehängt wurden. McCormick und Deering fusionierten 1902 zur International Harvester Corporation. Avery, Russell, Buffalo-Pitts und Case bauten im ersten Jahrzehnts dieses Jahrhunderts ihre ersten Versuchsträger. Case stieg 1911 in das Geschäft ein und bot bereits 1913 einen relativ brauchbaren Traktor mit Ottomotor an. Ein weiterer früher Traktor kam von zwei Ingenieuren, Charles Hart und Charles Parr; er war aber wie viele Traktoren seiner Zeit ein schweres, plumpes Ungeheuer. Später bauten sie praktischere Fahrzeuge wie den 12-27 Oil King. Wie hoch der praktische Nutzwert dieser Fahrzeuge war, zeigt sich daran, dass sie in alle Welt exportiert wurden, sogar nach Russland, Südamerika und Australien.

Die junge International Harvester Corporation verkaufte zwei Baureihen, den „Mogul" und den „Titan". Der erste wurde von McCormick verkauft, der andere von den Deering-Händlern. Rumely aus La Porte, Indiana, baute zunächst Dreschmaschinen und stellte 1909 seinen ersten Traktor vor. Einer seiner Ingenieure hatte einen Vergaser für Kerosin oder Paraffin entwickelt. Das Modell „Oil Pull" wurde immer weiter verbessert und blieb das wichtigste Produkt von Rumely, bis die Firma im Jahr 1931 an Allis-Chalmers verkauft wurde.

Die Experimente gingen bis zum Ausbruch des Ersten Weltkriegs weiter. Die Heer Engine Company aus Portsmouth, Ohio, baute bereits 1912 einen Traktor mit Vierradantrieb. Die Wallis Tractor Company stellte 1913 den rahmenlosen „Cub" vor. Traktorenwettbewerbe wurden immer beliebter, denn sie ermöglichten den realistischen Vergleich verschiedener Fabrikate. Nach dem Erfolg des kanadischen Wettbewerbs 1908 in Winnipeg wurde dieser bis 1912 fortgeführt. Ein kleinerer Wettbewerb fand 1910 in England statt, und in den Vereinigten Staaten gab es ähnliche Wettbewerbe in Nebraska.

Der Ausbruch des Ersten Weltkriegs in Europa hatte weit reichende Folgen sowohl für die Landwirtschaft im Allgemeinen als auch für den Traktorenbau. Bis zum Krieg hatte England viele Lebensmittel aus den Kolonien eingeführt und musste sich kaum um die heimische Landwirtschaft kümmern. Bislang brach liegendes Land wurde nun kultiviert und gepflügt. Auch die Mechanisierung wurde vorangetrieben, um mit weniger Arbeitskräften mehr Land zu bewirtschaften. Einige Firmen, die vor dem Krieg Traktoren hergestellt hatten, wandten sich nun dem Militär zu. Ruston Hornsby aus Lincoln experimentierte sogar mit Panzern.

Der Saunderson-Traktor wurde immer noch gebaut, und 1915 kam ein Traktor von Weeks-Dungey dazu. Trotzdem reichte die Produktion nicht aus, um den Bedarf zu decken, und so mussten Traktoren aus den Vereinigten Staaten importiert werden. Schon bald bot die Austin Motor Company den Peoria aus Illinois unter der Bezeichnung „Culti-Tractor Modell 1" an. Der „Big Bull" wurde als „Whiting-Bull" vermarktet, und ein Modell von Parrett hieß „Clydesdale" in Anspielung auf einen bekannten Pferdepflug. Bekannt war auch der „Waterloo Boy" der in England von der Londoner Overtime Farm Tractor Company als „Overtime" angeboten wurde. International Harvester bot die Modelle aus seinem Programm an, die für den englischen Markt am geeignetsten erschienen. Es handelte sich um den „Titan 10-20" und den „Mogul 8-16". Auch die im folgenden (siehe S. 82) besprochenen Fordson-Traktoren gaben ihren Einstand.

Die europäischen Nationen erkannten während des Kriegs den Wert der Traktoren zur Erhöhung der Produktivität in der Landwirtschaft. Frankreich importierte US-Traktoren und versah sie mit französischen Namen. In anderen Ländern wurde der „Globe" zum „Allis-Chalmers 10-182, der „Zar" wurde der „Bean Trapcull 6-10" und der „Le Gaulois" der „Galloway Farmobile 12-20". In Italien gab es Experimente mit eigenen Konstruktionen. Bis zum Jahr 1918 erschienen der erfolgreiche Fiat 702 und der innovative Pavesi 4x4 mit Knicklenkung.

Deutschland litt ab 1917 unter der Blockade der Alliierten und musste immer mehr auf die Produkte der eigenen Landwirtschaft zurückgreifen. Dabei schien es in Deutschland noch mehr Pferdepflüge als in anderen Ländern zu geben, obwohl Lanz, Stoewer und Hansa-Lloyd bereits Motorpflüge anboten. Lanz baute den Landbaumotor, Stoewer den 3S17 und 6S17 und Hansa-Lloyd den HL18.

Die Vereinigten Staaten blieben im Ersten Weltkrieg zunächst neutral. Der Krieg schien eine Sache der Europäer zu sein. Erst nachdem das Linienschiff „Lusitania", Träger des blauen Ban-

RUMELY
OilPull
TRACTOR

des, vor Kinsale, Irland von dem deutschen U-20 versenkt wurde und 1198 Menschen mit in die Tiefe riss und sich gleichzeitig die Torpedoangriffe auf zivile Schiffe häuften, schlug die Stimmung um. Schließlich zogen die Vereinigten Staaten auf der Seite der Alliierten in den Krieg.
Für die Hersteller von Motorfahrzeugen gab es nun die einmalige Chance, Fahrzeuge an das Militär zu verkaufen.
Es war kein Geheimnis, dass die US Army bereits mit Automobilen experimentiert hatte. Als die Vereinigten Staaten Deutschland und seinen Verbündeten am 6. April 1917 den Krieg erklärten, waren sie allerdings militärisch keineswegs darauf vorbereitet. Der demokratische Präsident Woodrow Wilson forderte die Industrie zu gemeinsamen Anstrengungen auf, und bald war die Produktion auf einem absoluten Höchststand angelangt.
Auf beiden Seiten des Atlantik expandierte der Markt für Traktoren immer noch, und allmählich gelangte man zu der Einsicht, dass kleinere Traktoren praktischer waren. Die neuen Hersteller konnten sich schnell anpassen und bedrohten die bereits etablierten Hersteller. Die Minneapolis Steel and Machinery Company baute für die Bull Tractor Company den „Bull", einen kleinen Traktor auf einem dreieckigen Stahlrahmen. Es wurde nur ein Rad angetrieben, um auf diese Weise das Differenzial zu sparen. Das Vorderrad sorgte für die Lenkung, und das dritte Rad lief einfach mit. Der Boxermotor leistete bis zu 12 PS, und das Getriebe war genauso schlicht wie der Rest des Fahrzeugs: Es hatte einen Vorwärts- und einen Rückwärtsgang. Zunächst verkaufte sich der „Bull" recht gut, aber schon bald zeigten sich die Grenzen und Schwächen der Konstruktion, und nach 1915 war vom Hersteller nichts mehr zu hören. Der Fordson hingegen war eine praktischere Ausführung einer im Grunde ähnlichen Idee. Case experimentierte mit kleineren Fahrzeugen und baute 1916 den vierrädrigen „9-18". Mit diesem Modell begründete Case seinen Ruf als einer der größten Traktorenbauer. Andere kleinere Firmen wie Ebert-Duryea, Lang, Fagiol, Kardell, Michigan, Utility und Happy Farmer machten verschiedene Experimente, scheiterten aber im Endeffekt.
Der Erste Weltkrieg endete 1918. Trotz großer sozioökonomischer Umwälzungen nach dem Krieg gab es beträchtliche Fortschritte in der Technik, insbesondere im Automobilbau. Viele der Vorkriegsprototypen waren zu praktischen, brauchbaren Fahrzeugen geworden. Reifen, Getriebe, Motoren und viele andere Komponenten wurden weiterentwickelt und sorgten auch für Innovationen im Traktorenbau.

LINKE SEITE: *Henry Ford baute seinen ersten Traktor im Jahr 1915. Er wollte einen preiswerten Traktor bauen, der für die Farmer das werden sollte, was der Ford „T" für den normalen Autofahrer war. Zusammen mit seinen Ingenieuren entwickelte Ford den Traktor, der später Fordson F heißen sollte. Hier ein Modell von 1917. Sein Geheimnis lag im Blockrahmen. Dieser Rahmen enthielt alle beweglichen Teile in staubgeschützten und öldichten Komponenten. Damit wurden viele Schwächen früherer Traktoren beseitigt.*

LINKS: *International Harvester exportierte seine Traktoren auch nach Großbritannien. Dort wurden in erster Linie Modelle angeboten, die für die Bedingungen in England besonders geeignet schienen. Dazu zählten der Titan 10-20 und der Mogul 8-16. Hier ein International Harvester Titan 10-20 von 1919.*

Kapitel 2

Massenproduktion 1920–1940

RECHTE SEITE: Beim Cockshutt Modell 80 handelte es sich um den Oliver 80 mit dem Markenzeichen der kanadischen Firma, deren Geschichte in das Jahr 1839 zurückreicht. White übernahm die Cockshutt Farm Equipment Company im Jahr 1962.

Dem Krieg folgte der Wohlstand. Weltweit schossen Traktorenhersteller wie Pilze aus dem Boden. Viele waren Kleinbetriebe mit wenig Aussicht auf Erfolg. Aber die 20er Jahre brachten auch die Massenproduktion. Henry Fords Traktor Fordson wurde in großer Anzahl verkauft. Damit erreichte er einen Marktanteil von 75 %. Er war billig zu produzieren und erschwinglich in der Anschaffung, wodurch er für viele Bauern in Frage kam. Während viele kleine Hersteller versuchten, mit ihrer niedrigen Produktion mitzuhalten, entbrannte auf dem Traktorenmarkt ein Kampf zwischen Fordson, International Harvester, Case und John Deere.

Als die Welle des Wohlstands zu Beginn der 20er Jahre abebbte, wurde der Preis des Fordson gesenkt, um die Verkaufszahlen zu halten. IHC bot daraufhin zu jedem verkauften Traktor einen Pflug ohne Mehrpreis an. Dies hatte den gewünschten Erfolg, dass sich der Marktanteil von IHC erhöhte. Dadurch konnten die Modelle 15-30 und 10-20 1921 bzw. 1923 eingeführt werden. Diese Maschinen sollten für Ford eine bislang nicht erlebte Konkurrenz darstellen. Die neuen Modelle von IHC waren ähnlich wie der Fordson konstruiert, d. h. um einen Blockrahmen gebaut. Es wurden jedoch ein paar Details eingebaut, die den Unterschied zum Fordson ausmachten. Dazu gehörten eine Magnetzündung, eine veränderte Kupplung und ein eingebauter Zapfwellenantrieb, der zu einem neuen Standard für Traktoren wurde. Noch besser wurde es 1924 mit der Einführung des Farmall. Er war der erste echte Reihenfruchttraktor, der sowohl zum Pflügen als auch zur Kultivierung von Baumwolle, Getreide und anderen Reihenfrüchten geeignet war.

Zur gleichen Zeit brachte Case ebenfalls einen Traktor mit Blockrahmen auf den Markt. Obwohl der Motor über den Rahmen verlief, erwies sich dieses Modell als sehr beliebt, sodass es bis in die 30er Jahre gebaut wurde. Mit dem Modell D von 1924 bot John Deere seine eigene Variante des Blockrahmentraktors an. Es wurde von einem Zweizylinder für Kerosin bzw. Paraffin angetrieben und hatte zwei Vorwärtsgänge und einen Rückwärtsgang. Von diesem Grundmodell wurden bis 1953 immer wieder verbesserte Modelle gebaut. 1928 führte John

COCKSHUTT

RECHTS: Ein International 10-20 von 1931. Drei Modelle baute International Harvester in den 20er Jahren: Den 10-20, den 15-30 und den Farmall Regular. Alle drei wurden in den 30er Jahren überarbeitet und verbessert.

RECHTE SEITE: Ein Allis-Chalmers WC aus Wisconsin, USA. Er wurde 1934 eingeführt und als erster Traktor speziell für Luftreifen konstruiert. Allerdings waren auf Wunsch auch Stahlräder zu haben.

Deere unter der Bezeichnung GP einen Reihenfruchttraktor ein. Währenddessen arbeitete Hart-Parr, einer der Pioniere unter den Herstellern, seine Traktoren um. Der 12-25 war eines der neuen Modelle. Es hatte einen liegenden Zweizylindermotor. Wenig später wurden diese Traktoren mit einem motorgetriebenen Zapfwellenantrieb angeboten, dessen Wichtigkeit jedoch erst später erkannt wurde.

Der wirtschaftliche Abwärtstrend, der auf den Aufschwung folgte, führte zu vielen Konkursen und Zusammenschlüssen in der Traktorenindustrie. Case übernahm Emerson Brantingham, während Advance Rumely Aultman Taylor vereinnahmte und gleichzeitig den Oil Pull verbesserte. 1931 wurde Advance Rumely von Allis-Chalmers übernommen, während Avery in Konkurs ging und Kinnaird-Haines die Produktion einstellte.

Zur Überprüfung der Fähigkeiten wurde der Traktorenwettbewerb in Nebraska ins Leben gerufen. Damit sollte auch verhindert werden, dass ein Hersteller Leistungsmerkmale anpries, die sein Traktor gar nicht hatte.

1920 wurde damit begonnen, Motorleistung, Kraftstoffverbrauch und Leistungsfähigkeit der Motors zu prüfen. Es wurden auch Praxistests durchgeführt, um festzustellen, wie gut sich ein Traktor mit Zusatzgeräten an einer Anhängeschiene bedienen lässt. Diese Tests wurden an der Nebraska State University in Lincoln durchgeführt. Per Gesetz wurde es zur Auflage gemacht, dass die Hersteller entweder alle oder keines der Testergebnisse veröffentlichen. So wollte man sicherstellen, dass die Hersteller nicht die guten Ergebnisse herausstellten, während schlechte Ergebnisse verschwiegen wurden. Die Tests waren für ihre Fairness und Autorität bekannt. Dies führte zu einer allgemeinen Akzeptanz weit jenseits der Grenzen des Bundesstaates Nebraska.

In den 20er Jahren wurde als Alternative zu den Raupenschleppern viel mit dem Allradantrieb experimentiert. Wizard, Topp-Steward, Nelson und Fitch bauten derartige Fahrzeuge. 1928 kündigte Ford die Einstellung der Traktorenproduktion in Dearborn an, obwohl sie kurzfristig in Cork, Irland, weitergeführt wurde, bevor man sie dann 1932 nach Dagenham verlagerte. Diese Maßnahme war typisch für die Zeit. Weitere große Kooperationen wurden 1929 aus vielen kleinen Unternehmen gebildet. Hart-Parr, Nicholas und Shepard und die American Seeding Machine Company schlossen sich mit Oliver Chilled

Ein Fordson Modell N von 1936. Er nahm als erster ausländischer Traktor am Traktorenwettbewerb in Nebraska teil und wurde sowohl 1937 als auch 1938 erprobt. Während des Kriegs baute Ford in England 140 000 Traktoren vom Modell N.

Plow Company zu der Oliver Farm Equipment Company zusammen, die eine vollkommen neue Traktorenserie konstruierte.
Twin City Tractors, Minnesota Steel and Machinery, die Minneapolis Threshing Machine Company und die Moline Implement Company schlossen sich alle zusammen. Das Ergebnis war die Minneapolis-Moline. 32 Unternehmen fusionierten zu der United Tractor and Equipment Company, deren Hauptsitz in Chicago, Illinois, war. Zu den 32 gehörte Allis-Chalmers, das damit beauftragt wurde, einen neuen Traktor zu bauen, der als United bekannt wurde. Das Unternehmen blieb nicht lange im Geschäft, obwohl Allis-Chalmers den Zusammenbruch überstand und weiterhin den United Traktor baute, der nun Modell U hieß.
Henry Ford bewies, dass es viele Gemeinsamkeiten zwischen den Traktorenherstellern auf beiden Seiten des Atlantik gab. Viele kleine Unternehmen wurden zu dieser Zeit gegründet. Ein Beispiel dafür ist der Traktor Glasgow, der von 1919 bis 1924 in der gleichnamigen schottischen Stadt gebaut wurde. Es handelte sich dabei um eine dreirädrige Maschine, mit zwei Rädern vorn und einem angetriebenen Rad hinten. Hierdurch konnte man auf das Differenzial verzichten. Genauso bei den vorderen Rädern, die aus dem selben Grund ein Sperrrad in den Radnaben hatten. Hersteller des Glasgow war das Unternehmen DL, das nach dem Waffenstillstand den Pachtvertrag einer Munitionsfabrik übernommen hatte.
Austin in England stellte einen Traktor her, der mit einem Automotor versehen war. Er verkaufte sich trotz der Konkurrenz des Fordson gut und wurde zwanzig Jahre lang gebaut. In Peterborough wurde ein anderer Traktor gebaut, ebenfalls nach dem Ort der Herstellung benannt. Dieser Traktor hatte einen Motor, der von Harry Ricardo entwickelt worden war. Ruston in Lincoln und Vickers in Newcastle upon Tyne stellten ebenfalls Traktoren her. Clayton baute einen Raupenschlepper. Wie auch in Amerika hatten alle unter der Menge, dem Preis und der Qualität des Fordson zu leiden.
Im vom Krieg zerstörten Frankreich lagen die Prioritäten anders. Die französische Regierung unternahm große Anstrengungen, um die Landwirtschaft wiederzubeleben. So wurden zu ihrer Förderung zinsfreie Kredite für Unternehmen des Landwirtschaftssektors genehmigt. Die Mechanisierung war lebensnotwendig. 1920 wurden in Rocquencourt Tests durchgeführt, bei denen einheimische und ausländische Produkte überprüft wurden. Weitere Tests wurden im Herbst desselben Jahres in Chartres durchgeführt, wobei 116 Traktoren von 46 Herstellern aus der ganzen Welt getestet wurden. Der französische Autohersteller Renault hatte während des Krieges leichte Panzer gebaut und hatte somit bewiesenermaßen Erfahrung in der Raupenschlepper-Technologie. Diese Erfahrungen wurden nun bei landwirtschaftlichen Maschinen angewandt. Das Ergebnis war ein Traktor, der von einem Vierzylinder-Ottomotor angetrieben wurde und aus Elementen von Panzern und Autos bestand. Dieser Raupenschlepper führte zur Produktion des Radtraktors HO. Peugeot bot den Raupenschlepper T3 an. Citroën stellte einen Raupenschlepper für den Einsatz in Weinbergen her. Letzterer wurde vom Citroën-Kégresse abgelöst. Der Erfolg der Kettenfahrzeuge im Gelände führte zur Entwicklung von Halbkettenfahrzeuge wie z. B. dem Citroën-Kégresse. Sie behaupteten sich bei Expeditionen nach Afrika. Die Franzosen durchquerten als erste von Dezember 1922 bis Januar 1923 die Sahara. Von November 1924 bis Juli 1925 fuhr ein anderes französisches Team von Algerien, Nordafrika, bis zum Kap der guten Hoffnung. Eine dritte Expedition nahm 1931 französische Mannschaften von Beirut zum französischen Teil von Indochina mit, dem heutigen Vietnam.
Weitere französische Traktorenhersteller waren Somua, Amiot, Dubois, Latil, Gerde d'Or, Delahaye, Mistral und RIP. In Lizenz wurden Saundersons und Austins hergestellt. Aufgrund der wirtschaftlichen Situation, der Abwertung des französischen Franc, wurden in der Landwirtschaft immer noch bevorzugt Pferde eingesetzt. So nahm das Interesse an der Traktorenherstellung wieder ab, mit Ausnahme von Latils Holzschlepper, den Halbkettenfahrzeugen von Citroën-Kégresse und einigen Renault-Traktoren.
Ähnlich erging es den geschlagenen Deutschen, deren Wirtschaft am Boden war. Zu Beginn der zwanziger Jahre waren zahlreiche kleine Traktorenhersteller im Geschäft. Hersteller wie MAN und Hanomag waren mehr auf dem Markt etabliert und produzierten in größerer Anzahl. 1924 ließ Ford seine Gegenwart spüren, indem er begann, seinen Traktor Fordson F in Deutschland zu verkaufen. Damit hatten die deutschen Hersteller nun eine echte Konkurrenz. Die verschiedenen Treibstof-

JOHN DEERE
MADE IN U.S.A.

fe, die Ford und die Deutschen verwendeten, verdeutlichen die unterschiedlichen Ideen. Deutsche Hersteller wie Stock und Hanomag, verglichen den Treibstoffverbrauch des Fordson mit dem ihrer eigenen Traktoren, die sich zum Diesel hin entwickelten. Lanz hingegen führte den Felddank ein, der aufgrund seines Halbdieselmotors mit schlechtem Kraftstoff fahren konnte. Das Unternehmen Lanz brachte später den Bulldog auf den Markt, der das Unternehmen bekannt machte. Die ersten Bulldogs waren ziemlich primitiv. Das Modell HL z. B. hatte keinen Rückwärtsgang. Um rückwärts fahren zu können, musste der Motor angehalten und andersherum angeworfen werden. Angetrieben wurde er von einem einzelnen Zweitakt-Halbdiesel mit stehendem Zylinder, der 12 PS lieferte. Von da an wurde der HL immer mehr verbessert, woraus 1926 der HR2 wurde. Später wurde Lanz von John Deere übernommen.

Der Benz-Sendling S7 von 1923 war der erste Traktor mit einem richtigen Dieselmotor, und er wurde von Benz gebaut. Angetrieben wurde er von einem stehenden Motor mit 30 PS und zwei Zylindern. Das Fahrzeug selbst war ein dreirädriger Traktor, wobei das angetriebene Rad hinten war. Zur Ausrüstung gehörten auch Ausleger, die für Stabilität während der Benutzung sorgten. Ein vierrädriger Traktor, der BK, löste den

LINKE SEITE: Das hier gezeigte Modell B von John Deere wurde zwischen 1935 und 1952 in zahlreichen Formen gebaut. Dazu zählen die BO aus den 40er Jahren und eine Raupenschlepperversion, die Ende der 40er Jahre gebaut wurde.

LINKS: Ein Massey-Harris 16/27 PS Challenger von 1937. Der Twin Power Challenger hatte einen Vierzylinder-OHV-Motor mit einer Leistung von ca. 36 PS.

S7 ab. 1926 fusionierten Daimler und Benz, und es kam ein Mercedes-Benz Motor zum Einsatz. Ungefähr zur gleichen Zeit stellte Deutz seinen MTZ 222 vor. Der Wettlauf um den Vorsprung in der Dieseltechnologie hatte ernsthaft begonnen. Überall in Europa wurden immer schneller neue Traktoren entworfen: In Schweden boten Avance und Munktell verbesserte und neue Traktoren an. Avance überdachte detailliert die Startprozedur des Diesels und bot Druckluftstarter mit Glühkerzen und Batterien an. Munktell hatte ähnliche Systeme. Die bekannten tschechoslowakischen Motorenhersteller Praga und Skoda offerierten Traktoren, während ihre Tochterunternehmen Motorpflüge anboten. Ein drittes Unternehmen, Wilkow, kam ebenfalls auf den Markt. Es gab nun Traktorenhersteller in den meisten europäischen Ländern: Breda, Pavesi, Fiat, Bubba und Landini in Italien, Kommunar in der Sowjetunion, Steyr in Österreich, Hofherr und Schrantz in Ungarn und Hurlimann und Burer in der Schweiz. Etwas abseits davon gab es noch Ronaldson Tippet in Australien. Das Konzept des Traktors und seiner Massenproduktion war bestätigt. Je nach den Erfordernissen des Marktes wurde es ständig verbessert.

Nach dem Zusammenbruch der New Yorker Börse im Oktober 1929 ging es mit der Weltwirtschaft bergab. In der Zeitschrift Variety wurde das Ereignis mit der Schlagzeile „Wall Street legt ein Ei“ kommentiert. Der Zusammenbruch führte zur Weltwirtschaftskrise, die bis in die 30er Jahre reichte. Es wurde geschätzt, dass zu der Zeit 13 Millionen Amerikaner arbeitslos waren. In den späten 30er und frühen 40er Jahren engagierten sich die Vereinigten Staaten in einigen Wasserkraftprojekten, nicht nur wegen der Stromversorgung, sondern auch um Arbeitsplätze zu schaffen, damit sich das Land selbst aus seiner schwierigen Lage befreien konnte. Zwei Dämme wurden in dieser Zeit gebaut. Der Hoover- oder Boulder-Damm nahm 1936 seinen Betrieb am Colorado zwischen Nevada und Arizona auf. Er ist 224 m hoch und 373 m lang. Der Grand-Coulee-Damm am Columbia schützt das Roosevelt-Reservoir. Er befindet sich westlich von Spokane im Bundesstaat Washington. Mit seinen 168 m Höhe und 1272 m Länge ist er eines der größten Wasserkraftwerke der Welt. Er wurde 1942 fertiggestellt.

Der Zusammenbruch an der Wall Street und das Bemühen um wirtschaftlichere Produktion bei stärkerem Wettbewerb sorg-

Harry Ferguson und Henry Ford einigten sich darauf, in Großbritannien Traktoren zu bauen. Das Ergebnis war der 9N, eine völlige Neukonstruktion. Gezeigt wird hier ein Ford Ferguson 9N aus dem Jahr 1939.

CASE
CASE
23

ten in den 30er Jahren für eine andere Stimmung als in den 20er Jahren. Vorbei war der Optimismus und die Vielzahl kleiner Unternehmer mit teilweise bewährten Produkten. Es gab nur noch wenige größere Unternehmen, die wirklich zweckmäßige Traktoren herstellten. Die neuen Modelle spiegelten die Fortschritte in der Technik wider. Einfache Dinge wie der Ölbadluftfilter sorgten dafür, dass der Motor auch in sehr staubiger Umgebung eine längere Lebensdauer hatte. Der Luftreifen für Traktoren war der nächste Schritt auf dem Weg zur Perfektion. Das Fehlen des Luftreifens hat bis Anfang der dreißiger Jahre den universellen Einsatz von Traktoren verhindert. Traktoren mit Stahlprofilrädern konnten nicht auf öffentlichen Straßen benutzt werden, wohingegen Traktoren mit Vollgummireifen zwar für Straßenbelag, aber nicht für nasse Feldwege geeignet waren. Beide beschädigten außerdem das Getreide und dessen Wurzeln. Der Reifenhersteller B. F. Goodrich testete einen drucklosen Reifen, während Firestone mit abgewandelten Flugzeugreifen experimentierte. Diese hatten aufvulkanisierte Stollen. Sie wurden auf ungefähr 1,095 at gebracht. Allis-Chalmers hat diesen technischen Durchbruch schnell umgesetzt. Man ging sogar so weit, Rennfahrer zu engagieren, die die neuen schnellen Traktoren mit Luftreifen vorstellten. Einer der Fahrer, Abe Jenkins, brach mit einem Allis-Chalmers Modell U mit einer Geschwindigkeit von 106 km/h den Weltrekord für Traktoren. Abgesehen davon gab es auch Verbesserungen bei der Beleuchtung und den Kraftstoffen. Dadurch wurden die Traktoren leistungsfähiger und zweckmäßiger. Der WC von Allis-Chalmers wurde 1934 als erster Traktor auf den Markt gebracht, der speziell für Luftreifen entwickelt worden war. Er war jedoch auch wahlweise mit Stahlrädern erhältlich. Die Hersteller achteten auch zunehmend auf das äußere Erscheinungsbild der Traktoren. Zu dieser Zeit verkaufte Ford günstige, aber gut aussehende Autos, wie z. B. das V8-Modell B. Allis-Chalmers hingegen führte eine orangefarbene Lackierung ein, die nur dazu dienen sollte, den Blick des Käufers auf sich zu lenken, was ohne Zweifel auch gut gelungen ist. Andere Hersteller folgten diesem Beispiel mit hellen farbigen Lackierungen und wohlgeformten Kühlerhauben, Kühlergittern und Kotflügeln.

In England wurden 1930 in Benson, Oxfordshire, Traktorentests eingeführt. Das erste Ereignis dieser Art weckte das Interesse englischer und amerikanischer Traktorenhersteller sowie der Produzenten des Fordson, der zu dem Zeitpunkt in Irland hergestellt wurde. Britische Traktoren kamen von AEC, Marshall, Vickers, McLaren und Roadless. Gegen Ende des Jahrzehnts einigten sich Harry Ferguson und Henry Ford, den Fordson in England zu bauen. Das Ergebnis davon war der 9N. Er war praktisch ein völlig neues Modell, trotz einiger Ähnlichkeiten mit den Fergusons, die Mitte der 30er Jahre von David Brown hergestellt wurden. Gebaut wurde der 9N in Huddersfield, England.

Durch die Weltwirtschaftskrise wurden Neuerungen nicht verhindert, sondern nur verlangsamt. Neue Hersteller drängten weiterhin auf den Markt. In einigen Ländern konnten sie einfach ihr Glück im Wettbewerb auf dem freien Markt versuchen. In anderen Ländern gab es kaum Wettbewerb. In der UdSSR, die nach der russischen Revolution entstanden war, lief die Traktorenherstellung nach den Vorgaben des Staates weiter.

LINKE SEITE: Ein Case Modell R von 1940 bei der Great Dorset Steam Fair (Dampfmaschinenausstellung) in England.

OBEN: Ein schwedischer Bolinder-Munktell mit Dreizylinder-Dieselmotor. Neben den Dieselmotoren experimentierte die Firma auch mit Holzgasgeneratoren, denn die Art des Kraftstoffs war in den Exportländern oft von entscheidender Bedeutung.

Eine Fordson-Fabrik wurde in der UdSSR aufgebaut. Die Produktion des Fordson wurde jedoch 1932 eingestellt, als die Fabrik auf die Herstellung der sowjetischen Kopie des Universal Farmall umstieg. In Charkow und Stalingrad wurde mit der Produktion des SKhTZ 15-30, einem International Harvester 15-30, begonnen. Motoren auf der Basis von Caterpillar-Teilen wurden in Chelijbinsk am Ural gebaut.
Die Sowjets benannten ihre Fahrzeuge nach den Orten in denen sich die Fabriken befanden. Ab 1942 baute zum Beispiel Gorkij Automobilnij Sawod (GAZ) in der ehemaligen UdSSR den GAZ-67 für die russische Armee, 1952 gefolgt vom GAZ-69. 1956 wurden in Uljanowsk Modelle unter der Bezeichnung UAZ-69 produziert. Hierbei handelte es sich um leichte Allradfahrzeuge, wie den VAZ-2121, so die offizielle Bezeichnung für den Lada Niva. VAZ bedeutet, dass die Maschinen von Wolschkij Automobilnij Sawod in Togliattrigrad hergestellt wurden. Heutzutage werden Belarus-Traktoren in der ehemaligen sowjetischen Republik Weißrussland, jetzt Teil der GUS, hergestellt und exportiert.
Woanders schritt die Entwicklung schnell voran. In Deutschland setzte sich der Dieselmotor durch. Deutz baute seine Stahlschlepper einschließlich der Modelle FIM 414 und FIM 317 mit Ein- bzw. Dreizylinder-Dieselmotoren. Hanomag war aufgrund der Exporte seiner Raupen- und Radschlepper mit Dieselmotoren ziemlich erfolgreich. Lanz machte Fortschritte mit seinen Bulldog Modellen, dem Raupenschlepper T und den Radschleppern L, N und M mit 15 bzw. 23 oder 45 PS. Sie wurden nach England exportiert, wo sie sehr beliebt waren, weil sie auch mit minderwertigem Treibstoff liefen, sogar mit Motor- und Getriebealtöl, das mit Paraffin verdünnt wurde.
Frankreich hinkte dem Markt hinterher. Dort gab es nur Renaults und in Frankreich gebaute Austins. Renault führte 1933 den bemerkenswerten VY mit einem Vierzylinder-Reihendieselmotor mit 30 PS ein. Er hatte einen vorn liegenden Kühler und einen gekapselten Motor. Der gelb und grau lackierte VY war der erste Dieseltraktor, der in Frankreich in größerer Zahl gebaut wurde. Zu weiteren französischen Produkten zählten Raupenschlepper und Spezialgeräte von Herstellern wie Citroën-Kégresse, Latil und kleinere Weinbergtraktoren. 1935 drängte SFV (Société Française Vierzon) mit Maschinen auf den Markt, die Ähnlichkeiten mit dem Lanz Bulldog aufwiesen. Trotz des Zweiten Weltkrieges hielt sich dieser Hersteller bis 1960, als er von Case gekauft wurde.
In Italien war Fiat immer noch führend. 1932 wurde die Produktpalette um einen Raupenschlepper ergänzt. Er wurde als 700C bezeichnet. Angetrieben wurde er von einem Vierzylindermotor mit 30 PS. Noch vor Ausbruch des Krieges baute Fiat die Modelle 708C und 40. Breda führte die Traktorenherstellung weiter. Alfa Romeo experimentierte mit einem Traktor, während andere Hersteller wie Landini, Deganello und Orsi Lanz-Maschinen in Lizenz bauten. Hurlimann blieb in der Schweiz im Geschäft und stellte 1934 den 2M20 mit einem 20-PS-Zweizylindermotor her. In der ehemaligen Tschechoslowakei bauten Wichterie und Kovarik in Prostejow den Zweizylinder Wilkow 22, während Mavag mit der Traktorenherstellung in den 30er Jahren begann.
In Schweden kam der Waffenhersteller Bofors zusammen mit Avance und Munktell 1932 mit dem Zweizylinder-Traktor 40-60 auf den Markt. In dem selben Jahr schloß Munktell sich mit dem Motorenhersteller Bolinder zu Bolinder-Munktell zusammen. Die Traktoren 15-22 und 20-30 wurden weitergebaut. Munktell experimentierte außerdem mit Holzgasgeneratoren für Länder, die Kraftstoff einführen mussten. In Australien stellte McDonald Dieseltraktoren Imperial Super her. Ronaldson Tippet musste während der Weltwirtschaftskrise seine Traktorenproduktion einstellen. An seine Stelle trat Cliff Howard mit dem DH22. Auch er experimentierte mit Holzgasgeneratoren und Gasantrieb für Traktoren.

LINKE SEITE: Ein ungarischer HSCS-Halbdiesel aus den 40er Jahren. Hoffer, Schrantz, Clayton und Shuttleworth überstanden auch die Machtübernahme durch die Kommunisten nach dem Krieg und die darauf folgende Umstrukturierung der industriellen Produktion.

Kapitel 3

Traktoren im Krieg: 1940–1945

RECHTE SEITE: Das Modell Z von Minneapolis-Moline hatte eine Leistung von 36 PS. Die neue Farbe Präriegold wurde 1937 eingeführt.

Am 3. September 1939, wenige Tage nachdem Deutschland in Polen eingefallen war, erklärte England Deutschland den Krieg. Zu dieser Zeit gab es in England drei namhafte Hersteller von Traktoren: Fordson, Marshall und David Brown. Fowler in Leeds nahm sofort die Kriegsproduktion auf. Es wurde aber schnell klar, dass auch Traktoren aus den Vereinigten Staaten importiert werden mussten, damit die englischen Landwirte genügend Lebensmittel für den Krieg erzeugen konnten. Die amerikanischen Hersteller lieferten ihre Produkte in großer Zahl – Allis-Chalmers, Case, John Deere, Caterpillar, Minneapolis-Moline, Massey-Harris, Oliver, International Harvester und Ford. Zunächst wurden diese Traktoren eingekauft, später dann im Rahmen des Leih- und Pachtabkommens sozusagen „gemietet“. Ford setzte auch die Produktion in seinem englischen Werk fort. Diese Traktoren wurden etwas umkonstruiert, um mit weniger Metall auszukommen und erhielten eine Lackierung, die in der offenen Landschaft nicht so auffiel.
Die Situation änderte sich schlagartig am 7. Dezember 1941 mit dem japanischen Überfall auf Pearl Harbour, Hawaii. Die Vereinigten Staaten waren nun auch im Krieg. Wenige Tage später kämpfte das US Marine Corps verbissen, um den Stützpunkt Wake auf einem winzigen Atoll im Pazifik zu halten. Dort hatte Pan American Airways bislang seine viermotorigen Flugboote für die Langstreckenlinien aufgetankt. In der nun kommenden Schlacht um die Vorherrschaft im Pazifik sollte die Insel eine wichtige Rolle spielen. Die Marines hielten 16 Tage lang gegen eine überwältigende Überzahl stand und gingen damit in die Geschichte ein. Ihr Kampf war auf den Titelseiten aller wichtigen US-Zeitungen zu finden. Er war nach der Katastrophe von Pearl Harbour das erste Zeichen, dass die Vereinigten Staaten als führende Industriemacht der Erde letztendlich den Krieg gewinnen würden, wenn auch der Weg zum Sieg lang und steinig war. Sofort wurden Vorbereitungen getroffen, die Macht der amerikanischen Industrie gegen die Achse Rom-Berlin-Tokio zu nutzen. Darin einbezogen waren auch die Hersteller von Traktoren, deren Produkte von entscheidender Bedeutung für die Mobilität der amerikanischen Streitkräfte waren. Tatsächlich hatte Präsident Roosevelt bereits eine Woche nach dem Beginn des Zweiten Weltkriegs am 1. September 1939 einen eingeschränkten Notstand erklärt. Er hatte den deut-

MM
MINNEAPOLIS-MOLINE
Z
UNIVERSAL

RECHTS: White übernahm schließlich Minneapolis-Moline, behielt diesen Markennamen aber bis 1969 bei. Minneapolis-Moline hatte im Verlauf seiner langen Geschichte mehrere berühmte Traktoren gebaut, so auch den Universal und das Modell U (hier gezeigt).

RECHTE SEITE: Der Case DC4 von 1943 wurde während des Zweiten Weltkriegs von den Vereinigten Staaten nach Großbritannien exportiert. Hier ist ein Exemplar beim Great Dorset Steam Fair zu sehen.

CASE
GYB 282

schen Einmarsch in Polen zum Anlass genommen, mehr Soldaten für die US Army und die Nationalgarde zu rekrutieren. Im Sommer war bereits die Stärke der Army von 175 000 auf 210 000 Mann angehoben worden. General Marshall, der soeben ernannte Stabschef, hatte mehrere taktische Korps eingerichtet, die genügend Truppen hatten, um ein funktionierendes Feldheer aufzustellen. Außerdem gliederte er die Infanteriedivisionen zu fünf „dreieckigen" Divisionen mit jeweils drei Regimentern um, damit sie beweglicher und flexibler waren. Im Jahr 1940 fanden die ersten Korpsmanöver seit 1918 statt, und im Mai gab es bereits Übungen, bei denen ein Korps gegen ein anderes Korps antrat. Die Motorisierung des Heeres war zwar 1936 eingeleitet worden, aber aus Geldmangel nicht recht vorangekommen. Immerhin hatten Harley-Davidson und Indian im November 1938 im Rahmen einer Zuverlässigkeitskonferenz des Quartiermeisterkorps einen Auftrag über 2000 Motorräder erhalten. Im Jahr 1940 wurden nun weitere Mittel für Transportmittel, darunter auch Motorräder, genehmigt. Aufgrund der Umgliederung war nämlich die selbstständige Kavallerie in der Form von Aufklärungsbataillonen mit drei Kompanien und neun Zügen dazu ausersehen, vor den neuen Divisionen in das Gefecht zu ziehen. Diese Truppen verfügten über Aufklärungsfahrzeuge von White, Befehlswagen von Dodge und Motorräder. Letztendlich wurden die Motorräder wieder aufgegeben, und die Army entschied sich für einen leichten Geländewagen mit Allradantrieb. Das Quartiermeisterkorps stellte ein Lastenheft für die Erprobung bei der Army auf. Zu den Herstellern, die ein Fahrzeug zur Verfügung stellten, zählte auch der bekannte Traktorenfabrikant Minneapolis-Moline.

Im Juni 1940 gab das Quartiermeisterkorps weitere technische Daten für ein leichtes Fahrzeug bekannt, das Soldaten und Gerät durch schwieriges Gelände transportieren konnte. Verschiedene Hersteller wurden aufgefordert, ein Fahrzeug für die Erprobung zu präsentieren. Aber nur zwei Hersteller waren dazu bereit, einen Prototypen zu bauen, nämlich Willys-Overland und American Bantam. Beide hatten aber finanzielle Schwierigkeiten. Der Prototyp von Willys kam zu spät, sodass Bantam nach ausgiebiger Erprobung des Bantam BRC in Camp Holabird einen Vertrag über 70 Fahrzeuge erhielt. Ford und Willys erhielten die Blaupausen der Konstruktion von Bantam,

LINKE SEITE: Ein großer Teil der Traktoren, die England durch den Zweiten Weltkrieg halfen, musste aus den Vereinigten Staaten importiert werden. Dargestellt ist hier ein Case.

LINKS: Der Minneapolis-Moline Modell R, hier in der Nachkriegsversion, wurde während des Krieges in großer Zahl nach Europa exportiert. Damit sicherte sich die Firma ihren festen Platz auf dem europäischen Markt.

denn die Army hatte berechtigte Zweifel daran, dass Bantam den Geländewagen in ausreichender Zahl würde bauen können. Ford und Willys erhielten außerdem Verträge über Prototypen und bauten daraufhin den Pigmy und den Quad. Alle diese frühen Fahrzeuge sahen dem Jeep bereits recht ähnlich. In weiteren Erprobungen wurden nun Stärken und Schwächen der einzelnen Fahrzeuge ermittelt. Ford präsentierte daraufhin einen überarbeiteten Prototypen, den GP, während Willys den MA vorstellte. Auch diese Modelle wurden einer gründlichen Erprobung unterzogen, aus der der Willys MA schließlich als Sieger hervorging. Im Juli 1941 erhielt Willys einen Vertrag über 16 000 überarbeitete MA, die unter der Bezeichnung MB ausgeliefert wurden. Der Bantam BRC und der Ford GP verschwanden schnell in der Versenkung. Ford hatte aber beträchtliche Kapazitäten in seinem Werk frei und erhielt daher im November 1941 einen Vertrag, den Willys MB nach den Vorgaben von Willys zu bauen. Diese Modelle erhielten die Bezeichnung GPW. So kam der legendäre Jeep auf die Welt. Er machte sich überall, vom Schlamm in den belgischen Ardennen bis zum Sand von Iwo Jima, Freunde bei den US-Soldaten und ihren Alliierten. Kampfgerät, Krankenwagen, Kurierfahrzeug, motorisiertes Maultier und Freizeitfahrzeug – der Jeep war all das und vieles mehr. Er transportierte Gefreite und Generale in aller Welt durch jedes Gelände. Am Ende des Krieges sagte General Eisenhower, dass neben der Douglas DC 3 und dem Bulldozer von Caterpillar vor allen Dingen der Jeep den Krieg für Amerika gewonnen hätte. Bis zum Kriegsende hatte Willys 358 489 MB gebaut; dazu kamen 277 896 GPW von Ford.

Die zeitgenössische Traktoren- und Raupenschleppertechnik wurde ebenfalls im Krieg genutzt und profitierte gleichzeitig von der Weiterentwicklung. Die US Army hatte sich bereits im Mai 1931 für Raupenschlepper und Halbkettenfahrzeuge interessiert, nachdem sie den Citroën-Kégresse P17 gesehen und in Frankreich ein Fahrzeug für die Erprobung gekauft hatte. Bald gab es auch amerikanische Fahrzeuge: James Cunningham & Son baute im Dezember 1932 ein Halbkettenfahrzeug, und im Jahr 1933 folgte ein verbessertes Modell vom Rock Island Arsenal. Kurz darauf baute Cunningham einen modifizierten Ford-Lastwagen. General Motors zeigte ebenfalls Interesse, und auch die Linn Manufacturing Company in New York baute

Dieser Allis-Chalmers Modell B von 1942 zählte ebenfalls zu den Traktoren, die im Rahmen des Leih- und Pachtabkommens nach Großbritannien exportiert wurden.

CO-OP
CO-OP
FRED FARMS

ein Halbkettenfahrzeug. Im Jahr 1936 baute Marmon-Herrington einen Ford-LKW für den Materialausschuss der US Army zu einem Halbkettenfahrzeug mit Frontantrieb um. Zum Ende des Jahrzehnts erschien im Rock Island Arsenal ein Halbkettenfahrzeug mit der Bezeichnung T7. Es war der Vorgänger der M2 und M3, die später von Autocar, Diamond T, International Harvester und White gebaut wurden. Diese Halbkettenfahrzeuge waren die Grundlage für eine Reihe von Spezialfahrzeugen, unter anderem Schützenpanzer, Mörserträger, Selbstfahrlafetten und Flugabwehrgeschütze. Über die Jahre wurden die Halbkettenfahrzeuge immer weiter entwickelt und standardisiert. Gewisse Unterschiede zwischen den einzelnen Fabrikaten waren aber immer erkennbar.

Viele Halbkettenfahrzeuge wurden im Rahmen des Leih- und Pachtvertrags nach Großbritannien, Kanada und Russland exportiert, ganz besonders die Modelle von International Harvester.

Als Ergebnis des japanischen Feldzugs im Fernen Osten wurde der Gummi immer knapper, sodass man in der Folge wieder die eigentlich überholten Stahlreifen sah. Die Vorkriegskonstruktionen wurden standardisiert und mit wenigen Modifikationen und nötigen Änderungen den ganzen Krieg über gebaut. In den besetzten Ländern kam die Produktion von Traktoren zum Stillstand, denn die Automobilindustrie musste nun Fahrzeuge für die deutschen Besatzer liefern. Als sich das Kriegsglück wendete, mussten die deutschen Traktorenhersteller aufgrund der ständigen Bombardierung und der Materialknappheit nach der Blockade die Produktion einstellen. An Mineralölprodukten herrschte ein ständiger Mangel, sodass die Bauern wieder auf das Pferd umsteigen mussten, während die Hersteller noch mit Holzgasgeneratoren experimentierten. Mit Hilfe von Umbausätzen konnten viele Traktoren von Hanomag, Deutz, Lanz, Holz, Normag und Fendt auf Holzgasbetrieb umgerüstet werden. Andere Traktoren wurden bereits mit Holzgasgeneratoren ausgeliefert. Außerdem bauten diese Hersteller zahlreiche Rad- und Kettenfahrzeuge für die Wehrmacht.

LINKE SEITE: Traktoren der Marke Co-Op wurden normalerweise bei anderen Herstellern wie Cockshutt gebaut und dann unter der Bezeichnung Co-Op vermarktet. Hier ein Co-Op von 1941.

Kapitel 4

Die Nachkriegszeit: 1945–1960

Rechte Seite: Ein Traktor von Steyr. Steyr zählte in den 50er Jahren zusammen mit Lindner zu den größten österreichischen Herstellern.

Erst nach dem zweiten Weltkrieg kam die Blütezeit der Traktorenentwicklung. Nun experimentierten einige Firmen mit hydraulischen Planierraupen und Ladern, während andere die Hydraulik für Bagger und andere Erdbewegungsgeräte benutzten. Der Franzose Georges Bataille setzte auf amerikanische Technik aus der Kriegszeit und stellte 1950 ein vollhydraulisches Gerät, den TU, vor. Das kleine Gerät saß auf einem Anhänger und nutzte den Zapfwellenantrieb des ziehenden Traktors. Bataille zeigte sein Gerät 1951 auf der Pariser Landmaschinenausstellung. Es erhielt den Namen Poclain nach einem Fluss in der Nähe des Fabrikationsorts.

Zu den anderen Pionieren der ersten hydraulischen Bagger zählten Brödr. Söyland A/S aus Norwegen, Blaw-Knox aus England und NCK-Rapier, das den Koehring 505 Skooper baute. Später folgten die Link-Belt Speeder, Teil der American FMC Corporation, Hy-Mac in England und Hanomag in Hannover.

Als die ersten brauchbaren Exemplare schließlich auf dem Markt waren, fanden sie begeisterte Abnehmer. Die hydraulischen Geräte wurden immer größer und drangen allmählich in die Domäne der seilzugbetätigten Maschinen ein. Sie konnten ihre Vorgänger fast vollständig verdrängen und wurden so populär, dass zahllose Firmen in aller Welt, besonders in Europa, den Vereinigten Staaten und Südostasien, hydraulische Bagger anbieten. Bei diesen Baggern gibt es zwei Grundtypen: Hochlöffel und Tieflöffel. Der größte Unterschied liegt darin, in welche Richtung die Vorderkante der Schaufel bzw. des Löffels zeigt. Der Tieflöffel zieht den Löffel an den Bagger heran, um ihn zu füllen, während die Frontschaufel nach vorn schiebt. Welches System nun besser ist, liegt ganz daran, welche Arbeiten durchzuführen sind. Zu den größten Herstellern von hydraulischen Baggern zählten Atlas, Case, Caterpillar, Fiat-Hitachi, Hyundai, JCB und Mannesmann Demag.

Auch leichte Fahrzeuge für die Landwirtschaft wurden immer beliebter. Nach dem Krieg waren Fahrzeuge wie der Jeep für die Landwirte von unschätzbarem Wert. Willys Overland hatte genug Weitsicht bewiesen, den Namen des Jeep als Handelsmarke eintragen zu lassen. Nun konnte er den Jeep für den zivilen Markt bauen. Dieses Fahrzeug erschien als Jeep CJ. Ursprünglich für die Landwirtschaft gedacht, verfügte er über Zapfwellenantrieb und Ackerschienen. In der Werbung war er

16 km
L.M. MAESSEN

ROW CROP
OLIVER
60

LINKE SEITE: Ein Reihenfruchttraktor Oliver 60 mit 16,5 PS aus dem Jahr 1947. Zu den neuen Modellen, die Oliver nach dem Krieg anbot, zählten die 1948 eingeführten Modelle 66, 77 und 88.

LINKS: Ein französischer SFV – Société Française Vierzon – Super 204, der gebaut wurde, bevor die Firma von Case übernommen wurde.

Renault war nach dem Krieg der größte Hersteller von Traktoren in Frankreich und hatte bis 1948 bereits mehr als 8000 Traktoren gebaut. Zunächst kam der 303E mit Ottomotor, dem 1948 der 3042 mit Dieselmotor folgte. Hier ein Renault von 1951.

denn auch auf dem Feld zu sehen, einen Pflug oder eine Scheibenegge im Schlepp. Das erste Nachkriegsmodell, der CJ2A, sah auf den ersten Blick aus wie ein Militärfahrzeug mit anderer Farbgebung. Unter der Karosserie waren aber Kraftübertragung, Achsen und das Übersetzungsverhältnis überarbeitet worden. Auffälliger waren die neue Hecktür und die Verlegung des Reserverads an die Seite des Fahrzeugs. Daneben gab es viele Detailverbesserungen wie größere Scheinwerfer und einen verlegten Tankdeckel. Der Motor hingegen blieb gegenüber dem MB fast unverändert. Der CJ2A wurde bis 1949 gebaut und kam auf 214 202 Exemplare. Die Produktion überschnitt sich mit der seines Nachfolgers. Der CJ3A, der zweite CJ, erschien 1948 und wurde bis 1953 in Großserie hergestellt. Der größte Unterschied zwischen den beiden Modellen lag in einer abermals verstärkten Kraftübertragung und einer einteiligen Windschutzscheibe. Im Jahr 1953 erschien der CJ3B, der durch seine höhere Motorhaube auffiel. Sie war erforderlich, um den neuen Vierzylinder mit der Bezeichnung Hurricane F Head einzubauen. Er verfügte ebenfalls über 2196 cm³, hatte aber eine höhere Leistung. Der CJ3B blieb bis in die 60er Jahre im Programm und wird auch heute noch im Rahmen verschiedener Lizenzvereinbarungen in Europa, Indien und Japan

Der erste neue Fordson nach dem Krieg war der E27N, der auf Bitten des Landwirtschaftsministeriums übereilt in die Produktion genommen wurde. Er basierte auf einem verbesserten Motor des Fordson N mit einem Getriebe mit drei Vorwärtsgängen und einem Rückwärtsgang, einer konventionellen Kupplung und Hinterradantrieb. Der E27N wurde zwischen 1945 und 1951 gebaut. Er wurde in dieser Zeit mehrfach verbessert und war mit verschiedenen Optionen lieferbar. Hier ein Fordson E27N von 1950 mit einem Perkins-Dieselmotor beim Great Dorset Steam Fair.

NUFFIELD

LINKE SEITE: Der Nuffield Universal war ein neuer britischer Traktor, der nach dem Krieg erschien. Diese Variante mit dem Perkins-Dieselmotor P4 wurde 1950 vorgestellt.

LINKS: Der „Grey Fergy" war überall auf den englischen Bauernhöfen zu finden, aber seine Verbreitung ging viel weiter. Einige Exemplare gingen mit der Expedition von Sir Edmund Hillary an den Südpol. Hier ein Ferguson TE20 von 1955 für Motorenpetroleum. Das „TE" steht für „Tractor England".

gebaut. Kaiser-Frazer und Willys-Overland fusionierten im Jahr 1953, und das Werk, das den Jeep baute, hieß fortan Kaiser-Jeep.

Die Anfänge des Land Rover auf der anderen Seite des Atlantik liegen ebenfalls in der Landwirtschaft. Zweifellos hat er auch dem Jeep eine Menge zu verdanken. Maurice Wilks, Leitender Ingenieur von Rover, hatte sich einen Jeep aus Armeebeständen gekauft, den er auf seinem Gut in Anglesey einsetzte. Rover, das vor dem Krieg den Ruf hatte, hervorragende Automobile zu bauen, war nach dem Kriegsende in einer schwierigen Lage. Stahl war knapp, und was vorhanden war, wurde für Exportgüter verwendet, um die britische Zahlungsbilanz zu verbessern. Rover hatte jedoch seine Fahrzeuge nie ernsthaft importiert; sie gingen allenfalls in die britischen Kolonien. Während des Krieges war das Werk in Coventry bombardiert worden. Die Produktion wurde nach Solihull ausgelagert, wo in erster Linie Fahrzeuge für das Luftfahrtministerium gebaut wurden.

Maurice Wilks und sein Bruder Spencer, ebenfalls bei Rover beschäftigt, dachten über die Möglichkeit nach, ein kleines Nutzfahrzeug mit Aluminiumkarosserie und Allradantrieb zu bauen. Dieses Fahrzeug war in erster Linie für die Landwirtschaft gedacht und sollte nur ein Lückenbüßer sein, bis das Werk wieder die üblichen Luxuswagen bauen konnte. Die Konstruktion übernahmen Robert Boyle und eine Reihe weiterer Angestellter im Konstruktionsbüro. Rover kaufte zu diesem

Ein Massey-Harris Modell 745 von 1953 bei der Arbeit beim Great Dorset Steam Fair in England.

Zweck zwei weitere Jeeps aus Armeebeständen, die als Vorlage dienten. Die Konstrukteure mussten sich noch an weitere Einschränkungen halten: Der Land Rover sollte möglichst viele Rover-Komponenten enthalten. Um die Kosten für teure Werkzeugmaschinen zu sparen, mussten die Bleche aus Kostengründen flach sein oder mit der Hand bearbeitet werden. Aluminium war im Gegensatz zu Stahl nicht rationiert und stand in ausreichender Menge zur Verfügung. Die Prototypen des Land Rover hatten eine Mittellenkung, ähnlich wie ein Traktor. So waren sie für Rechts- und Linksverkehr gleichermaßen geeignet. Ein konventionelles Chassis hätte teure Werkzeugmaschinen benötigt, und so kam der Ingenieur Olaf Poppe darauf, ein Gestell zu bauen, an das er vier flache Stahlstreifen schweißte, um ein Kastenrahmenchassis zu erhalten. Der erste Prototyp hatte noch ein Chassis vom Jeep, Hinterachse, Motor und Federung eines Rover-Automobils und das Getriebe einer

OBEN: Zwei restaurierte Field-Marshall aus den 50er Jahren: Ein orangefarbener Series 3A und ein grüner Series 2.

LINKS: Die Pressstahl-Motorhaube des Field-Marshall Series 3A von 1957 hat ein unverwechselbares Gesicht.

Ein Renault 7012 von 1953 mit Perkins-Dieselmotor. Renault nahm im Oktober des folgenden Jahres mit einem ähnlichen Traktor am viertägigen Rambouillet, dem französischen Traktorenwettbewerb, teil.

Rover-Limousine. Das Ganze wurde auf raffinierte Weise mit einem Zweigang-Zwischengetriebe und einer jeepartigen Karosserie ausgestattet. Man erkannte, dass in dieser Konstruktion einiges Potenzial steckte, und so entschied man sich, 50 verbesserte Vorserienmodelle für die eingehende Erprobung zu bauen. Ein größerer und stärkerer Motor, ebenfalls aus Rover-Beständen, kam nun zum Einsatz, und die Mittellenkung entfiel. In ähnlicher Form wurde das Fahrzeug mit einem Radstand von 203 cm auf dem Amsterdamer Automobilsalon 1948 gezeigt. Sofort kamen die ersten Bestellungen, besonders nachdem Rover das Fahrzeug auch auf landwirtschaftlichen Ausstellungen in England gezeigt hatte und sich ernsthaft mit dem Gedanken an einen Export befasste. Was für ein Potenzial man dem Fahrzeug zutraute, zeigt sich daran, dass es im Oktober 1948 bereits Land-Rover-Händler in 68 Ländern gab.
Die ersten Serienmodelle unterschieden sich bereits beträchtlich von den Pilotfahrzeugen. Einige Änderungen dienten der Kosteneinsparung und der Erleichterung von Herstellung und Wartung. Gegen Aufpreis gab es Extras wie Zapfwellenantriebe und Winden. Zwischen 1948 und 1954 kamen zahlreiche Detailverbesserungen. Man konnte Schweißgeräte und Kompressoren auf dem Land Rover installieren und mit der zentralen Zapfwelle antreiben. Eine frühe Variante war der Station Wagon. Er hatte die typische Karosserie mit Holzaufbau, während das Chassis, die vorderen Kotflügel, der Kühlergrill und die Motorhaube vom Land Rover kamen. Dieses Fahrzeug war zwar nicht so erfolgreich, wie man hoffte; die Idee sollte aber Jahre später erneut aufleben und besser ankommen.
Die etablierten Traktorenwerke, unter anderem auch die neun großen amerikanischen Hersteller, brachten schon kurz nach dem Krieg neue Modelle. Allis-Chalmers stellte beispielsweise die Modelle G und WD vor. John Deere ersetzte 1947 die Modelle H, LA und L durch das Modell M. Im Jahr 1949 folgten zwei Ableitungen, die Modelle MC und MT – ein Raupenschlepper und ein Dreirad. Später folgte das Modell R mit Dieselmotor. International Harvester wandte sich wieder dem Traktor zu und ersetzte das Modell A durch den Super A. Dieser hatte hinten einen hydraulischen Kraftheber, denn die Hydraulik sollte sich immer mehr durchsetzen.
Massey-Harris brachte 1947 eine neue Baureihe mit den Modellen 44, 11, 20, 30 und 55. Ein Jahr darauf stellte Oliver ein neues Programm vor. Die Modelle 77 und 88 konnten auch mit Dieselmotoren geliefert werden; die anderen Traktoren hatten Vierzylindermotoren für Benzin oder Paraffin. Ein Zapfwellenantrieb zählte zur Serienausstattung; dafür gab es keine Hydraulik. Ford und Ferguson gingen getrennte Wege, nachdem Ferguson sich nicht mit Henry Ford jr. über die Vorstellung vom Traktor der Zukunft einigen konnte. Nach einem längeren Streit eröffnete Ferguson in Detroit sein eigenes Werk. Schließlich konnte er vor Gericht auch noch fast 10 Millionen Dollar Schadenersatz für Patentverletzungen und Geschäftsverluste erstreiten. Nach dem Krieg erschienen auch zahlreiche neue Hersteller, unter anderem Brockway, Custom, Earthmaster, Farmaster, Friday, General, Harris und Laughlin.
In Großbritannien war der erste neue Traktor nach dem Krieg der Fordson E27N. Er ging auf den Wunsch des Landwirt-

Nach dem Krieg stellte Massey-Harris das Modell 44 vor. Es hatte den gleichen Motor wie das Vorkriegsmodell Challenger und ein Fünfganggetriebe. Das Modell 30 wurde 1947 ebenfalls mit Fünfganggetriebe vorgestellt. Bis 1953 wurden mehr als 32 000 Exemplare gebaut. In diesem Jahr wurde der 745 vorgestellt, und die Firma fusionierte mit Ferguson.

Bautz

LINKE SEITE: Ein Bautz AS 120 mit 14 PS aus dem Jahr 1952. Mit seiner grün-gelben Farbgebung könnte er leicht mit einem John Deere verwechselt werden.

LINKS: Ein Holder-Traktor mit Dieselmotor und 9/10 PS. Er wurde in Stuttgart gebaut. Nach dem Krieg gab es dort zahlreiche Traktorenhersteller.

schaftsministeriums überhastet in die Produktion. Der Motor war ein überarbeitetes Triebwerk aus dem Fordson N. Dazu kamen ein Getriebe mit drei Vorwärtsgängen und einem Rückwärtsgang, eine konventionelle Kupplung, Antriebsrad und Hinterradantrieb. Er wurde zwischen 1945 und 1951 gebaut und erfuhr in dieser Zeit zahlreiche Verbesserungen. Zudem waren verschiedene Extras verfügbar. Dazu zählten elektrische und hydraulische Zusatzgeräte sowie eine Dieselversion. Ferguson traf eine Absprache mit Sir John Black von der Standard Motor Company, einen neuen Traktor bei den Standard-Werken zu bauen. Dieser hatte einen importierten Continental-Motor und ging 1946 in die Produktion. 1947 erhielt er den inzwischen fertig gestellten Motor von Standard; ab 1951 gab es ihn auf Wunsch mit Dieselmotor. Dieser Traktor, der TE 20, erhielt den Spitznamen „Grey Fergie" – ein Verweis auf den Konstrukteur und die schlichte Lackierung. Er wurde enorm populär und war überall auf den englischen Bauernhöfen zu finden.

RECHTE SEITE: Ein englischer Allis-Chalmers D-270. Dieser Traktor löste 1955 bei Allis-Chalmers das Modell B ab und wurde 1957 selbst durch den D-272 ersetzt.

Eine ungewöhnliche Anwendung des Ferguson wird von Sir Edmund Hilary und Vivian Fuchs in ihrem Buch *Die Durchquerung der Antarktis* beschrieben: Dort findet man zahlreiche Hinweise auf Traktoren, die bei der Transantarktik-Expedition zum Einsatz kamen. Sie zogen Schlitten, entluden Schiffe, dienten der Erkundung. Auch Kettenfahrzeuge, nämlich der Sno-Cat und der Studebeaker Weasel, wurden benutzt. Zeitweise erhielten auch die Fergusons Raupenketten aus Gummi, die über die Vorder- und Hinterräder gezogen wurden. Zwischen den Achsen wurde ein Leitrad eingebaut. Die Mitglieder der Expedition waren immer wieder froh über die Vielseitigkeit des Ferguson-Traktors. Einer fuhr sogar mit zum Südpol.

Die Firma David Brown aus Yorkshire hatte im Krieg Zugmaschinen für Flugplätze gebaut und brachte nach dem Kriegsende den alten VAK 1 in etwas überarbeiteter Form als VAK 1A, bis 1947 der Cropmaster vorgestellt werden konnte. Dieser erwarb sich schnell eine große Beliebtheit, besonders mit dem 1949 eingeführten Dieselmotor. Nuffield brachte unterdessen den Universal. Drei der großen amerikanischen Hersteller bauten Werke in England auf: ICH in Doncaster, South Yorkshire; Allis-Chalmers in Hampshire und Massey-Harris in Manchester. Dieses Werk wurde 1949 nach Killarnock in Schottland verlegt. Nur ICH sollte schließlich Erfolg haben.

In Frankreich wurde Renault nach dem Krieg zum größten Traktorenhersteller und baute bereits 1948 über 8500 Traktoren, darunter auch den 303E, der aber bald vom 3042 abgelöst wurde.

In Westdeutschland, das noch von den Alliierten besetzt war, kehrte die Normalität allmählich zurück. Es wurden die ersten primitiven Leichttraktoren aus beschädigten Jeeps gebaut. Solches Recycling gab es auch woanders, so in England und auf den Philippinen. Die etablierten Hersteller wie Lanz und Hanomag nahmen bald wieder die Produktion auf, nachdem die Werke wieder aufgebaut waren. MAN baute einige MAN 325, Zugmaschinen mit Allradantrieb, die als Vorläufer des Unimogs von Mercedes-Benz gelten können. Nach dem Krieg wurden viele neue Firmen gegründet wie Alpenland, Normag, Primus, Stihl und Faun. Faun baute später Lastwagen; Stihl beschränkte sich auf Sägen. Fendt nahm ebenso wie Deutz wieder die Produktion von Traktoren auf; auch das deutsche Werk von International Harvester betätigte sich auf diesem Gebiet. Dieses Werk hatte starke Bombenschäden erlitten, konnte aber nach dem Wiederaufbau 1948 die Produktion wieder aufnehmen. Es baute zunächst den FG12, eine Version des F 12 Farmall. 1951 folgte eine überarbeitete Variante mit Dieselmotor.

In Italien beschränkte sich die Produktion von Traktoren nach dem Krieg in erster Linie auf die Lanz-Vorkriegsmodelle. Das Land hatte schwere Kriegsschäden erlitten und war noch stark mit dem Wiederaufbau beschäftigt. In Österreich fing Steyr wieder an, Traktoren zu bauen, und am anderen Ende der Welt, in Australien, ging der Chamberlain 40 in die Produktion. Dieses Fahrzeug wurde in einem Werk gebaut, das eigens für die Kriegsproduktion errichtet worden war, und verfügte über einen 30-PS-Boxermotor. Kelly-Lewis baute ein primitives Gerät auf der Basis des Vorkriegsmodells von Lanz, folgte aber schnell mit einer Neukonstruktion.

Auch im Ostblock, nun unter sowjetischer Herrschaft, blieb die Entwicklung nicht stehen. Die regierenden Kommunisten stellten die gesamte Industrie völlig um, selbst dort, wo es bereits funktionierende Traktorenfabriken gegeben hatte. Firmen wie Skoda, Zetor, HSCS, IAR, Ursus und Aktivist wurden entweder neu gegründet oder komplett reorganisiert. In der Sowjetunion wurde der Universal wieder gebaut und durch den neuen Stalinez 80 ergänzt. Hierbei handelte es sich um einen neu konstruierten Raupenschlepper.

Die 50er Jahre waren eine Blütezeit für die Traktorenhersteller. Dieses Jahrzehnt brachte nicht nur einen wirtschaftlichen Aufschwung; es herrschte auch eine gewisse Stabilität, die sich positiv auf die Landwirtschaft auswirkte. Es gab immer neue Hersteller, die sich an Traktoren versuchten: Allein in den Vereinigten Staaten waren es 45, in Großbritannien 20 und in Deutschland sogar 60. Dieseltraktoren setzten sich nun auch in den Vereinigten Staaten durch, und die Dreipunkt-Aufhängung für Arbeitsgeräte wurde zur Norm. Der allgemein anerkannte Traktorenwettbewerb in Nebraska wurde zum Ende des Jahrzehnts wieder eingeführt, konzentrierte sich jetzt aber mehr auf Arbeitsgeräte für den Zapfwellenantrieb, da der Riemenantrieb allmählich überholt war. Massey-Harris und Ferguson fusionierten im Jahr 1953 und benannten sich 1958 schließlich zu Massey-Ferguson um.

ALLIS-CHALMERS
D-270

CASE
J
58889

LINKE SEITE: Case stellte Anfang der 50er Jahre eine neue Baureihe vor. Darunter waren die Serien 300, 400 und 500. Dieser Case von 1952 gehört zur Serie 500.

LINKS: Der Turner Yeoman Modell 2A von 1950 hat einen V4-Motor mit 40 PS. Er gehört Ronald Hoof.

Ein Teilnehmer an den europäischen Pflugmeisterschaften mit einem David Brown 30D mit Dieselmotor. Dieser Traktor wurde in Huddersfield, England, gebaut.

RECHTS: In den 50er Jahren bauten die Staaten des Warschauer Pakts, darunter die DDR, die Tschechoslowakei und Polen, einen standardisierten Traktor, der in den ZT-, Zetor- und Ursus-Werken vom Band lief. Hier ein Ursus.

RECHTE SEITE: Ein restaurierter UTB Universal 530 bei einer landwirtschaftlichen Ausstellung.

Universal 530

Kapitel 5

Die Hersteller

RECHTE SEITE: Ein AGCO-Star 8425 von 1997 mit Allradantrieb und Knicklenkung. Dieses Modell wurde 1995 vorgestellt, und der Kunde konnte zwischen einem Cummins-Diesel mit 14 011 cm³ oder einem Detroit-Diesel mit 12 192 cm³ wählen. Beide Motoren leisteten 425 PS.

AGCOStar

Diese neue Marke wurde 1995 von ACGO eingeführt. Die Modelle 8350 und 8425 stehen auf dem allerneuesten Stand der Technik. Damit sind sie in erster Linie für den Einsatz auf riesigen Farmen gedacht. Sie sind aufgebaut auf einem U-Profil-Rahmen, der in der Mitte einen Drehpunkt hat, um einen besonders kleinen Wendekreis zu erzielen. Beide Achsen sind angetrieben, und das Getriebe verfügt über 18 Vorwärtsgänge und zwei Rückwärtsgänge.

Technische Daten

Hersteller	ACGOStar
Baujahr	1997
Modell	8425
Motor	Detroit-Diesel
Leistung	425 PS
Merkmale	18 Vorwärts-, 2 Rückwärtsgänge, Knicklenkung

Allis-Chalmers

Diese bekannte Firma wurde bereits um die Jahrhundertwende gegründet. Sie entstand 1901 aus der Fusion vier einzelner Hersteller. Die neue Firma baute 1914 ihren ersten Traktor unter der Bezeichnung 10-18. 1919 erschien der 18-30, von dem im Verlauf des folgenden Jahrzehnts ungefähr 16 000 Stück gebaut wurden. Ebenfalls 1919 wurde das Modell 6-12 vorgestellt. Während der 30er Jahre übernahm Allis-Chalmers eine Reihe weiterer Hersteller, darunter die Advance Rumely Thresher Company.

Inzwischen bildeten die Traktoren der Baureihen U und E die Grundlage des Programms. Ende der 30er Jahre kamen die Modelle A und B hinzu. Das Modell A mit Vierganggetriebe löste das Modell E ab und wurde zwischen 1936 und 1942 gebaut. Das Modell B lief von 1937 bis 1957. Es hatte einen Vierzylinder mit 15,7 PS und wurde in insgesamt 127 000 Exemplaren gebaut. Im Jahr 1936 wurde das Modell U durch den Einbau des firmeneigenen UM-Motors aufgewertet. Der WC mit Luftreifen wurde 1934 als erster Traktor vorgestellt, der

8425
AGCOSTAR
KRAUSE

Klöckner-Humboldt-Deutz hatte 1985 Allis-Chalmers übernommen und wurde 1990 von der US-Holdinggesellschaft Allis Gleaner Company (AGCO) übernommen. Die Firma wurde später in ACGO-Allis umbenannt und baute Traktoren wie diesen ACGO Allis 9630.

extra für diese Bereifung konstruiert worden war. Natürlich gab es ihn auch mit Stahlreifen. 1938 bot Allis ein verkleinertes Modell B mit Luftreifen an und erzielte damit einen riesigen Erfolg. Der Traktor ließ sich hervorragend verkaufen und wurde in aller Welt vermarktet. Nach dem Zweiten Weltkrieg wurde er auch in England für den heimischen Markt und für den Export gebaut. Ebenfalls 1938 bot die Firma zahlreiche ihrer Traktoren mit gestalteten Motorhauben und Kühlergrills an. Nach dem Krieg stellte Allis-Chalmers den WD-45 mit Otto- oder Dieselmotor vor. Er wurde ein riesiger Erfolg und ließ sich in mehr als 83 000 Exemplaren verkaufen. 1955 übernahm Allis-Chalmers die Gleaner Harvester Corporation und stellte einige Jahre darauf die Baureihe D vor. Diese umfangreiche Baureihe umfasste die Modelle D-10, D-12, D-14, D-15, D-17, D-19 und D-21.

Den letzten Traktor baute Allis-Chalmers Mitte der 80er Jahre. Danach wurde die Firma vom deutschen Konzern Klöckner-Humboldt-Deutz übernommen. Diese Verbindung hielt nicht lange, und bereits 1990 wurde die Firma von einer amerikanischen Holdinggesellschaft namens Allis Gleaner Company (ACGO) übernommen und in ACGO Allis umbenannt.

Technische Daten

Hersteller	Allis-Chalmers (USA)
Baujahr	1986
Modell	4W-305
Motor	Mit Zweifachturbolader
Leistung	305 PS
Merkmale	20 Vorwärts-, 4 Rückwärtsgänge

Ein Allis-Chalmers 8050 aus den frühen 80er Jahren. Der Sechszylindermotor mit Turbolader hat 6980 cm³.

Ein Belarus 1005 von 1997. Belarus-Traktoren werden in Weißrussland gebaut, das früher Teil der UdSSR war und heute zur GUS gehört. Diese Traktoren werden in viele Länder exportiert.

Belarus
Belarus-Traktoren werden in der früheren Sowjetrepublik Weißrussland gebaut. Sie gehört nun zur GUS (Gemeinschaft Unabhängiger Staaten) und exportiert ihre Traktoren in viele Länder. Das Angebot umfasst zahlreiche Traktoren in verschiedenen Ausführungen zwischen 31 und 180 PS. Der Belarus 925 hat einen 100-PS-Motor, der 1770 hingegen 180 PS.

Technische Daten

Hersteller	Belarus
Baujahr	1986
Modell	862D
Motor	4075 cm^3
Leistung	90 PS
Merkmale	Automatisches Allradgetriebe; 18 Vorwärts-, 2 Rückwärtsgänge; hydrostatische Lenkung

Case
Die J. I. Case Threshing Machine Company wurde 1863 zum Bau von Dampfmaschinen gegründet. Der erste Traktor erschien 1892, und die Firma wurde schnell zum Marktführer. Bereits im Jahr 1923 hatte sie mehr als 100 000 Traktoren gebaut. Im Jahr 1929 erschien das Modell L mit Blockrahmen. 1972 übernahm Case die Mehrheit bei David Brown.
Case und International Harvester fusionierten 1984 zu Case-IH. Die seitdem gebauten Traktoren weisen Merkmale beider Hersteller auf.

Technische Daten

Hersteller	Case-IH
Baujahr	1986
Modell	685L
Motor	Vierzylinder
Leistung	69 PS
Merkmale	8 Vorwärts-, 2 Rückwärtsgänge; Allradantrieb; hydrostatische Lenkung

Technische Daten

Hersteller	Case-IH
Baujahr	1986
Modell	1594
Motor	Sechszylinder
Leistung	96 PS
Merkmale	Halbautomatisches Hydra-Shift-Getriebe mit vier Fahrbereichen

Ein Case 4230 4WD von 1996 bei der Arbeit. Moderne Traktoren wie dieses Modell haben isolierte Kabinen, um Lärm und Schwingungen fernzuhalten.

David Brown
Mitte der 30er Jahre baute David Brown noch Ferguson-Traktoren. Harry Ferguson hatte die Firma um einen Vorschlag für ein Traktorengetriebe gebeten. Brown war berühmt für seine Getriebe, und Ferguson wollte einen Traktor mit einem amerikanischen Continental-Motor und einem neuartigen hydraulischen Kraftheber bauen. Nach der Erprobung des Prototypen sollte Brown in Huddersfield diese Fahrzeuge bauen. Sie erschienen unter der Bezeichnung „Modell Ferguson" und hatten zunächst einen Coventry-Climax-Motor, später dann einen von Brown konstruierten Motor. Die Produktion endete im Jahr 1939, als Brown einen stärkeren Traktor, Ferguson aber Kosten sparen wollte. Ferguson ging in die Vereinigten Staaten und wandte sich an Ford, während Brown einen selbst konstruierten Traktor vorstellte, den VAK 1 mit einem hydraulischen Kraftheber. Nach dem Krieg erschien der VAK 1 in leicht überarbeiteter Form als VAK 1A, bis man ihn 1947 durch den Cropmaster ersetzte. Dieser erwies sich als überragender Erfolg, besonders in der 1949 vorgestellten Version mit Dieselmotor. 1972 wurde Brown von Case übernommen.

Ein David Brown 995 mit einem hydraulischen Frontlader bei der Erntearbeit.

Ein Ferguson T20, der von Selene aus Turin auf Allradantrieb umgebaut wurde. Zu diesem Zweck erhielt die Vorderachse einen eigenen Antrieb.

Ferguson
Die Verbindung zwischen Harry Ferguson und David Brown ging zu Ende, als 1939 die Produktion des Modells Ferguson eingestellt wurde (siehe gegenüber). Ferguson ging in die Vereinigten Staaten, um mit Henry Ford zu verhandeln. So wurde seine Dreipunkt-Aufhängung am neuen Fordson 9N vorgestellt. Dieses System ermöglichte den Anbau unterschiedlichster Arbeitsgeräte und wurde in Zusammenarbeit mit der Ferguson-Sherman Company bis 1946 gebaut. Henry Ford jr. und Ferguson trennten sich schließlich, als es zu Meinungsverschiedenheiten über die Zukunft der Traktorenindustrie kam.

Nach heftigem Streit baute Ferguson in Detroit seine eigene Firma auf. Schließlich ging er sogar vor Gericht, und Ford musste ihm fast 10 Millionen Dollar Schadenersatz für Patentverletzungen und Geschäftsverluste zahlen.
Harry Ferguson einigte sich später mit Sir John Black von der Standard Motor Company, einen neuen Traktor im Standard-Werk zu bauen. Der TE 20 wurde 1946 eingeführt und erhielt 1947 den Motor von Standard. Mit diesem Motor wurde er gebaut, bis 1951 ein Diesel zur Verfügung stand. Ferguson verkaufte sein Werk später an Massey-Harris.

PAN
NZ 97
FENDT
FENDT
TURBOMATIK
FARMER 309LSA
PÖTTINGER

LINKE SEITE: Der 309LSA Turbomatik Farmer wurde von Fendt gebaut. Dieser deutsche Hersteller kann auf eine lange Geschichte zurückblicken.

LINKS: Dieser Fiat F140 von 1994 gehört zu den Traktoren der Agri-Reihe. Er hat einen wassergekühlten Reihensechszylinder mit Turbolader.

Fordson

Ford ist zwar in erster Linie berühmt wegen seiner PKW und LKW, zählte aber auch immer schon zu den großen Traktorenherstellern. Henry Ford baute 1915 seinen ersten Traktor und hatte 1916 bereits mehrere Prototypen in der Erprobung. Sein Ziel war ein preiswerter Traktor, sozusagen das Modell T für den Landwirt. Mit Hilfe seiner Ingenieure hatte Ford einen Traktor entwickelt, der später als Fordson F erscheinen sollte. Das Geheimnis lag in der Blockrahmen-Konstruktion. Dieser Rahmen enthielt alle beweglichen Teile in staubgeschützten und öldichten Komponenten. Damit war ein Schwachpunkt früherer Traktoren beseitigt. Fords Prototyp nahm an einer Traktorenerprobung teil und wurde als brauchbar befunden. Die Regierung bat um sofortige Produktion. Genau das wollte Ford gerade tun, als im Sommer 1917 deutsche Bomber London bei Tageslicht angriffen. Die britische Regierung erkannte den Ernst der Lage und schlug vor, alle Produktionskapazitäten für den Bau von Jagdflugzeugen zur Verteidigung der Heimat zu nutzen.

So wurde Ford gebeten, seine Traktoren in den Vereinigten Staaten zu bauen, und das Modell F erschien bereits vier Monate später. Diese Umstellung war nicht weiter schlimm, allerdings hatte die Verzögerung in der Produktion dazu geführt, dass seine Pläne und Absichten in aller Öffentlichkeit bekannt waren, bevor die ersten Traktoren gebaut werden konnten. So versuchte eine Firma, ihm zuvorzukommen. Ein Konzern aus Minneapolis gründete unter dem Namen eines ihrer Ingenieure die Ford Tractor Company. So konnte Henry Ford seine Traktoren nicht unter seinem eigenen Namen anbieten. Er verfiel auf die nächstbeste Lösung – Henry Ford and Son, abgekürzt zu Fordson. Die von der Ford Tractor Company gebauten „Ford-Traktoren" verschwanden schon bald in der Versenkung. Einer konnte an ein Mitglied einer Firma in Nebraska verkauft werden, der aber nicht zufrieden war, als er ihn mit einem Bull-Traktor verglich, den er ebenfalls besaß. So kam es zu dem berühmten Traktorenwettbewerb von Nebraska, der bald weltweite Anerkennung fand.

Das britische Heer beschaffte 5000 Fordson-Traktoren für den Krieg, und die Produktion in den Vereinigten Staaten lief weiter, bis sie 1928 eingestellt wurde. In Irland und England wurde der Traktor aber weiter gebaut. In den 40er Jahren nahm Ford in den Vereinigten Staaten wieder Traktoren in sein Programm auf und bietet sie heute noch an. Das Modell F konnte in den 20er Jahren in großer Zahl verkauft werden. Ford baute zuverlässige Traktoren, die auch mit dem Fortschritt der Technik gingen. Bereits 1918 hatte der Fordson einen Hochspannungszündmagneten, eine Wasserpumpe und einen Elektrostarter. Wichtiger war allerdings die Einführung der Dreipunkt-Aufhängung Ende der 30er Jahre. Sie wurde von dem Iren Harry Ferguson entworfen und erstmals mit dem Fordson 9N ausgeliefert. Mit diesem System konnten die unterschiedlichsten Arbeitsgeräte betrieben werden. Es wurde bis 1946 in Zusammenarbeit mit der Ferguson-Sherman Company gebaut. Ford hatte sein englisches Werk 1932 in Dagenham aufgebaut und exportierte von dort Fordson-Traktoren in alle Welt, sogar in die Vereinigten Staaten. Dort baute er 1936 auch den All Around, einen Reihenfruchttraktor, der speziell für die Vereinigten Staaten entwickelt worden war.

Ein weiteres Fordson-Werk wurde in der UdSSR aufgebaut. Die Produktion dort wurde 1932 eingestellt, und die Firma baute fortan eine sowjetische Kopie des Universal Farmall.

In den Kriegsjahren baute Ford in England 140 000 Traktoren vom Modell N. Der erste Nachkriegstraktor war der Fordson E27N, der auf Bitte des Landwirtschaftsministeriums in aller Eile eingeführt wurde. Er basierte auf einem überarbeiteten Motor aus dem Fordson N und erhielt ein Getriebe mit drei Vorwärtsgängen und einem Rückwärtsgang, eine konventionelle Kupplung und Hinterradantrieb. Dieser E27N wurde von 1945 bis 1951 gebaut und mehrfach überarbeitet. Außerdem waren verschiedene Optionen verfügbar. Dazu zählten Elektrik, Hydraulik und ein Dieselmotor. Ford feierte im Jahr 1953 sein 50-jähriges Jubiläum und stellte dazu den NAA vor.

In den 60er Jahren baute Ford Traktoren in Brasilien, England, Indien und den Vereinigten Staaten. Das Modell 8000 mit einem Hubraum von 6571 cm^3 war der erste Ford-Traktor mit 100 PS.

1986 übernahm Ford die New Holland Company und 1987 die Versatile Tractor Company of Canada. Die britischen Traktoren werden in Basildon in Essex, eines von acht Ford-Werken in aller Welt, gebaut. Exportiert werden die Traktoren in 75 Länder. Die Serie 10 umfasst 11 Traktoren vom 2910 mit 2900 cm^3 und 44 PS bis hin zum 8210 mit 6600 cm^3 und 115 PS.

Ein Ford 6810. Die Rezession der 80er Jahre und der Zusammenbruch des Traktorenmarkts führt zum Zusammenschluss von Ford und Fiat, die ihre Traktoren unter dem Namen „New Holland" anboten.

Technische Daten

Hersteller	Ford (GB)
Baujahr	1986
Modell	4610
Motor	3300 cm³
Leistung	64 PS
Merkmale	Einer von den elf Traktoren der Baureihe „10"

Technische Daten

Hersteller	Ford (GB)
Baujahr	1986
Modell	7610
Motor	4400 cm³
Leistung	103 PS
Merkmale	Einer von den elf Traktoren der Baureihe „10"

RECHTS: Ein italienischer Landini Advantage 65F von 1997.

RECHTE SEITE: Der Landini Legend 130 ist ebenfalls von 1997 und rangiert über dem Modell 65F.

legend
130
landini

International Harvester exportierte Traktoren nach Großbritannien. In erster Linie konzentrierte man sich auf Modelle, die für den britischen Markt besonders geeignet waren. Dabei handelte es sich um den Titan 10-20 und den Mogul 8-16. Hier ein International Harvester Titan 10-20 von 1919.

International Harvester

Die Ursprünge von International Harvester und wahrscheinlich auch die des Spitznamens „Cornbinder" reichen zurück in das Jahr 1831. Damals erfand Cyrus McCormick eine Mähmaschine, die zwar offiziell McCormick-Mähmaschine hieß, aber schnell als „Cornbinder" bekannt wurde. Die Firma wurde 1902 zur International Harvester Corporation und baute 1907 den Autowagon, ein leichtes Nutzfahrzeug. Der Verkauf lief gut, und 1912 wurde das Programm um Busse und größere LKW ergänzt. Nach dem Ersten Weltkrieg landete die Firma 1921 mit dem Lastwagen der S-Serie einen riesigen Erfolg. Er wurde über den Landmaschinenhandel verkauft und erfreute sich bei den Farmern großer Beliebtheit. Wegen der typischen roten Lackierung und seiner geringen Größe wurde er als „Red Baby" bekannt. Das „S" stand für „Speed-Truck", denn er war immerhin 48 km/h schnell. In den 20er Jahren ging es IHC recht gut. 1929 wurden 50 000 LKW über 170 Händler verkauft.

Damit zählte ICH zu den ganz großen Herstellern wie Ford und Chevrolet. So ging man auch mit Optimismus in die 30er Jahre. 1934 wurden die LKW überarbeitet und sahen nun fast aus wie PKW. 1937 gab es schon wieder ein neues Design, und 1940 erschien die völlig neue K-Serie.

Neben den LKW wurden natürlich auch die Traktoren weiter produziert. Drei Modelle begleiteten IHC durch die 20er Jahre: Der 10-20, der 15-30 und der Farmall Regular. Sie unterschieden sich in erster Linie durch ihre Leistung. Alle wurden für die 30er Jahre überarbeitet. 1929 war aus dem 15-30 der 22-36 geworden, der wiederum 1934 durch den W-30 abgelöst wurde. Der 10-20 wurde hingegen ohne Unterbrechung bis 1939 gebaut. In den 30er Jahren wechselte IHC von der grauen Lackierung zu einem auffälligeren Rot. Das hatte zwei Vorteile: Zum einen waren die Traktoren besser zu sehen, denn sie fuhren immer öfter auf öffentlichen Straßen; und zum anderen fielen sie den potenziellen Käufern besser ins Auge. Der erste Radtraktor mit Dieselmotor von IHC erschien 1934 als WD-40. Der Vierzylinder leistete, wie aus der Bezeichnung zu entnehmen, etwa 40 PS; genau waren es 44. Ungewöhnlich war, dass der Motor mit Benzin gestartet wurde und sobald er warm war, durch das Schließen eines Ventils auf Diesel umgestellt wurde. Während des Zweiten Weltkriegs baute IHC verschiedene Maschinen, darunter Halbkettenfahrzeuge für die Alliierten. Von diesem International M-5 wurden mehr als 13 000 Stück im Werk Springfield gebaut. Daneben baute das Werk eine Reihe von schlichten Pickups für Zivilisten, die zur Unterstützung der Kriegsproduktion ein Transportmittel benötigten. 1946 stellte man sich mit der Wiedereinführung der K-Reihe wieder auf die zivile Produktion um.

Die ersten IHC-Traktoren erschienen 1906. Der Typ A mit Ottomotor war mit 12, 15 oder 20 PS zu haben. Der darauf folgende Typ B wurde bis 1916 gebaut. In den Jahren nach 1910 baute IHC unter anderem den riesigen „Mogul" mit 45 PS. 1919 folgte der „Titan" mit 22 PS. In den 20er Jahren wurde der Name Farmall eingeführt. Er wurde über mehrere Jahrzehnte beibehalten, und Traktoren wie der Farmall M aus den 50er Jahren sind noch in guter Erinnerung. Der Farmall 966 aus den 70er Jahren war ein 100-PS-Traktor mit 16 Vorwärtsgängen, 2 Rückwärtsgängen und 6784 cm³ Hubraum.

JCB

Der berühmte britische Maschinenbauer JCB baute eine Reihe unterschiedlicher Maschinen, darunter auch den berühmten Bagger mit Hochlöffel vorn und hinterem Tieflöffel. Daneben wurden Rad- und Kettenbagger gebaut. Dabei konnte man zwischen acht verschiedenen Raupenbaggern wählen. Sie reichten vom kleinen JS70 mit einem Betriebsgewicht von 7 t, der besonders auf begrenztem Raum eingesetzt wurde, bis zum großen JS450LC mit einem Betriebsgewicht von 44 t. Der letztere hat einen besonders langen Ausleger mit Löffelstiel für spezielle Arbeiten wie die Reinigung von Wasserstraßen. Für diese Aufgaben sind besondere Baggereimer verfügbar, darunter auch ein Gerät zum Unkrautmähen.

Der JCB 3CX-4 ist eine der vielen Versionen des etablierten Baggers von J. C. Bamforth. Obwohl der JCB in dieser Ausführung mit Tieflöffel und Frontlader wie ein Erdbewegungsgerät aussieht, kann er seine Herkunft vom Traktor nicht verleugnen.

John Deere

John Deere ist der letzte Traktorenhersteller, der den vollen Namen seines Gründers trägt. Geblieben ist bis heute auch die typische grüne Farbgebung mit gelben Verzierungen. Die Firma begann 1836 mit der Herstellung von Pferdepflügen aus Stahl und hielt sich aus der Entwicklung der Dampfmaschine heraus. Kurz nach der Jahrhundertwende fing sie an, Traktoren mit Verbrennungsmotoren zu bauen. In den 20er Jahren wurde das Modell „D" mit Zweizylindermotor eingeführt. Dieser Traktor war so erfolgreich, dass er mit Verbesserungen bis in die 50er Jahre gebaut wurde. Zwischen 1934 und 1952 wurde das Modell „A" gebaut. Das war wohl der populärste Traktor von John Deere, und er verfügte über einige innovative Details. Die Spurweite der Räder war über genutete Naben einstellbar, und das Getriebegehäuse war aus einem Stück gegossen. Der erste „A" hatte 24 PS, aber die Leistung wurde über die Jahre regelmäßig erhöht. Das Modell „B" wurde in unterschiedlichen Varianten von 1935 bis 1952 gebaut, darunter die Version BO aus den 40er Jahren und eine Kettenversion, die Ende der 40er Jahre erschien. Der spätere MC war von vornherein als Raupenschlepper ausgelegt.

Der erste Traktor mit Dieselmotor wurde 1949 gebaut und als Modell „R" bezeichnet. Später wurden die Buchstaben durch Zahlen ersetzt. Mitte der 50er Jahre kam die Reihe 20, 1958 folgte die Reihe 30. In den 50er und 60er Jahren folgten die Reihen 40, 50, 60, 70 und 80. Die Reihe 50 löste beispielsweise 1952 das Modell „B" ab.

1959 brachte John Deere seinen ersten Traktor mit Allradantrieb. In den 70er Jahren war die Reihe 40 besonders beliebt, verfügte sie doch inzwischen über einen V6-Dieselmotor mit Turbolader und eine Leistung von mehr als 100 PS. Gegen Ende der 80er Jahre leistete der 4955 bereits 200 PS. Der 7800 hat Zwillingsbereifung an der Hinterachse und einen 7636-cm^3-Motor mit 170 PS und 20 Gängen.

John Deere ist zwar in erster Linie ein amerikanischer Hersteller, hat aber auch Produktionsstätten in anderen Ländern, so zum Beispiel in Argentinien, Australien, Deutschland, Mexiko, Spanien und Südafrika.

Technische Daten	
Hersteller	John Deere (USA)
Baujahr	1986
Modell	4450
Motor	7600 cm³
Leistung	160 PS
Merkmale	Getriebe mit 15 Gängen, zuschaltbarer Allradantrieb

Technische Daten	
Hersteller	John Deere (USA)
Baujahr	1986
Modell	2040
Motor	Dieselmotor mit 3900 cm³
Leistung	70 PS
Merkmale	Die Reihe umfasst drei Modelle, den 1640, den 2040 und den 2140.

Die modernen Traktoren von John Deere, wie dieser 7600 FWD, haben Sechszylindermotoren und bis zu 20 Vorwärtsgänge.

OBEN: Mitte der 80er Jahre konnte die Reihe 3000 von Massey-Ferguson auch mit einem Sechszylinder-Turbodiesel mit 190 PS geliefert werden. Zu dieser Reihe zählt auch der hier gezeigte Massey-Ferguson 3115.

RECHTE SEITE: Im Jahr 1947 stellte Massey-Harris seine Nachkriegsmodelle vor. Das Styling ähnelte den Vorkriegsmodellen. Das Angebot umfasste den hier gezeigten Modell 11 Pony und den wesentlich größeren Massey-Harris 55.

Massey-Ferguson

Harry Ferguson verkaufte sein Traktorenwerk 1953 an Massey-Harris. Diese Firma hatte mit ihren Traktoren bis dahin im Wettbewerb mit Ford und Ferguson gestanden. Nach der Übernahme von Ferguson bot sie den MH50 und den Ferguson 40 an. Trotz äußerlicher Unterschiede waren sie technisch identisch. Beide basierten auf dem Ferguson 35, der mit dem Werk erworben worden war. 1958 erfolgte die Umbenennung in Massey-Ferguson, begleitet von einer neuen Baureihe. Die Massey-Ferguson 35 und 65 hatten Perkins-Dieselmotoren. Im Jahr 1959 übernahm Massey-Ferguson dann Perkins.

Technische Daten

Hersteller	Massey-Ferguson
Baujahr	1986
Modell	2685
Motor	Perkins-Dieselmotor mit 5800 cm³
Leistung	142 PS
Merkmale	Die Reihe 2005 umfasst drei Modelle, den 2645, den 2685 und den 2725. Allradantrieb; 16 Vorwärts-, 12 Rückwärtsgänge, Turbodiesel

Die Firma hat ihren Stammsitz in Kanada und baut Traktoren in aller Welt. Massey-Ferguson ging 1994 in AGCO auf. Der erste Traktor nach der Fusion von Massey und Ferguson war der MF-35 von 1960, dem bald eine Reihe weiterer Traktoren folgten, unter anderem der MF-50, der MF-65 und der MF-85. 1976 stellte Massey-Ferguson die Modelle 1505 und 1805 vor, beide mit einem V8-Dieselmotor von Caterpillar mit 174 PS. Mitte der 80er Jahre erhielt die Reihe 3000 einen Sechszylinder-Turbodiesel mit 190 PS. Von Bedeutung war auch der MF 398, der über einen 3867-cm³-Dieselmotor und Allradantrieb verfügte.

Massey-Harris

Massey-Harris entstand 1891 in Toronto, Kanada, aus der Fusion zweier Hersteller von Landarbeitsgeräten. Daniel Massey war seit 1847 in diesem Markt tätig, und A. Harris, Son & Company war einer seiner härtesten Konkurrenten. In den 30er und 40er Jahren war das Modell 25 äußerst populär. Während dieser Zeit erschien 1935 auch der 101. Er verfügte über einen 24-PS-Sechszylinder-Reihenmotor von Chrysler. Ebenfalls auf dem Markt war der Twin Power Challenger mit einem Vierzylinder-OHV-Motor und einer Leistung von ca. 36 PS. Mitte der 30er Jahre entschied sich Massey-Harris für eine rot-gelbe Farbgebung.

Nach dem Krieg stellte Massey-Harris das Modell 44 vor, das über den gleichen Motor wie der Challenger verfügte und ein Fünfganggetriebe hatte. 1947 erschien das Modell 30 ebenfalls mit Fünfganggetriebe, von dem insgesamt mehr als 32 000 Stück gebaut wurden, bevor die Firma mit Ferguson fusionierte (siehe oben).

Technische Daten

Hersteller	Massey-Ferguson
Baujahr	1986
Modell	MF699
Motor	5800 cm³
Leistung	100 PS
Merkmale	Stärkstes Modell der Reihe MF 600. Weitere Modelle: MF 675, MF 690 und MF 698T.

MASSEY-HARRIS
Pony
MASSEY-HARRIS

Unten: Traktoren wie der Mercedes-Benz MB-Trac 1300 und 1500 haben Allradantrieb und können in beide Richtungen mit gleicher Leistung fahren.

Unten rechts: Leichte Allradfahrzeuge wie der Jeep und der Land Rover wurden ursprünglich für die Landwirtschaft entwickelt. Spezialfirmen sorgen für weitere Modifikationen zu diesem Zweck. Roadless Traction Ltd. baute Land Rover mit kurzem Radstand zu Traktoren für die Forstwirtschaft um.

Mercedes-Benz

Mercedes-Benz in Deutschland baut seit mehreren Jahrzehnten den Unimog. Dieser zählt zu den besten geländegängigen Fahrzeugen überhaupt.
Der U 2450 L 6x6 ist einer der größten Unimogs mit einem zulässigen Gesamtgewicht von 17 t. Er verfügt über Portalachsen mit Scheibenbremsen, Achtganggetriebe mit Handschaltung und Servolenkung. Zur umfangreichen Baureihe gehören auch zahlreiche 4x4-Versionen.

Technische Daten

Hersteller	Mercedes-Benz
Baujahr	1996
Modell	U2450
Motor	Mercedes-Benz OM 366 LA
Leistung	177 kW bei 2600 U/min
Merkmale	8 Vorwärts-, 2 Rückwärtsgänge; 6x6-Antrieb

Technische Daten

Hersteller	Mercedes-Benz
Baujahr	1996
Modell	MB-Trac 1500
Motor	5675 cm^3
Leistung	150 PS
Merkmale	Traktor für beide Richtungen mit Turbodieselmotor

Roadless

Roadless Traction Limited aus Hounslow in England hat eine Reihe von Nutzfahrzeugen, darunter einen Foden-Dampflastwagen und einen Morris Commercial, zu Halbkettenfahrzeugen umgebaut. Später folgten zahlreiche Umrüstungen von Traktoren auf Ketten, unter anderem der Fordson E27N, und Umbauten des Land Rover für die Landwirtschaft.

Volvo BM

Volvo BM ist weltweit einer der größten Hersteller von Traktoren, Gelenkkippern, Radladern, Baustellenfahrzeugen und hydraulischen Baggern. Die Produkte werden in aller Welt unter unterschiedlichen Namen wie Volvo BM, Valmet, Michigan, Euclid, Zettelmeyer und Akerman vermarktet. Daneben bietet Volvo ein umfangreiches Programm an Traktoren an.

Technische Daten

Hersteller	Volvo BM Valmet (Schweden)
Baujahr	1986
Modell	2105
Motor	Sechszylinder-Turbodiesel
Leistung	163 PS
Merkmale	Dieselmotor mit Turbolader und Intercooler

Ein Volvo BM – Bolinder-Munktell – 650 Turbo im ländlichen Frankreich.

RECHTS: Ein Renault 180-94 mit Turbodiesel aus dem Jahr 1996.

RECHTE SEITE: Der Steiger Panther 1360 ist ein Arbeitsgerät mit Allradantrieb und einem großvolumigen Motor von Caterpillar.

STEIGER

White

White stieg in den 60er Jahren durch die Übernahme zahlreicher kleinerer Hersteller in die Traktorenindustrie ein. Bei diesen Firmen handelte es sich in der Regel um etablierte Namen mit langer Geschichte, die teilweise in die Anfänge des Traktorenbaus zurückreicht.
1960 übernahm White Oliver und baute das ganze Jahrzehnt über den erfolgreichen Oliver 55 weiter.
Oliver war seit 1929 im Geschäft und ging ebenfalls auf die Fusion mehrerer kleinerer Hersteller zurück. Dabei wurden die Oliver Chilled Plow Works, Hart-Parr, Nichols and Shepard und

Technische Daten

Hersteller	Oliver (USA)
Baujahr	1960
Modell	55
Motor	Continental
Leistung	49 PS
Merkmale	Nach der Übernahme durch White wurde die Produktion des Oliver 55 fortgesetzt.

Der White 6195-PFA gehört zu einem Programm, das auch den 6125-PFA, den 6175-2WD und den 6215-PFA umfasst. Die Motoren leisten zwischen 125 und 215 PS.

die American Seeding Machine Company unter einem Dach vereinigt.
In den 30er Jahren baute Oliver so wichtige Traktoren wie den Oliver 90 mit Dreiganggetriebe und 49 PS. Zwischen dem Ende der 40er Jahre und den 60er Jahren waren der Oliver 66 und 77 Row Crop die wichtigsten Modelle im Programm. Der Super 99 hatte einen aufgeladenen Dreizylinder-Zweitaktdieselmotor von General Motors mit 3769 cm^3. Er verfügte über eine Dreipunkt-Befestigung und konnte gegen Aufpreis mit einer Kabine geliefert werden.
1962 übernahm White dann die Cockshutt Farm Equipment Company, deren Geschichte bis in das Jahr 1839 zurück reicht. Zuletzt hatte Cockshutt die Traktoren 20 und 40 gebaut. Der 20 wurde 1952 vorgestellt und verfügte über einen 2294 cm^3 großen Continental-Vierzylindermotor mit L-Kopf und Vierganggetriebe. Der 40 hatten einen Sechszylindermotor und ein Sechsganggetriebe.
Ein Jahr später übernahm White Minneapolis-Moline und benutzte bis 1969 die Markennamen aller drei Firmen. Minneapolis-Moline hatte ebenfalls eine lange Geschichte und baute berühmte Traktoren wie den Universal und das Modell U. Der Universal mit 27 PS wurde zwischen 1915 und 1923 gebaut.
1987 fusionierte White mit der New Idea Farm Equipment Company und wurde danach im Jahr 1991 selbst aufgekauft. Käufer war die AGCO Corporation aus Waycross, Georgia. Der Name White wurde für die Traktoren aber beibehalten. In den 70er Jahren hatte White einen Traktor unter der Bezeichnung Plainsman angeboten. Es handelte sich um ein Fahrzeug mit acht Rädern. Der 8259-cm^3-Motor leistete 169 PS.

Der Zetor 7540 ist ein Traktor mit Allradantrieb und einem Vierzylindermotor mit 71 PS. Zetor-Traktoren werden in zahlreichen Fabriken in aller Welt hergestellt.

Zetor
Zetor stammt aus der tschechischen Republik. Versionen der Zetor-Traktoren werden in aller Welt montiert, so auch in Argentinien, Burma, Indien, Irak, Uruguay und Zaire.

Technische Daten

Hersteller	Zetor (Tschechische Republik)
Baujahr	1986
Modell	8045 Crystal
Motor	Dieselmotor mit 4562 cm^3
Leistung	85 PS
Merkmale	4x4-Antrieb mit 8 Vorwärts- und 2 Rückwärtsgängen

Kapitel 6
Raupenschlepper

RECHTE SEITE: Die Raupenschlepper wurden parallel zu den Traktoren weiterentwickelt. Sie wurden ebenso von Anfang an in der Landwirtschaft, beim Bau und beim Militär eingesetzt. Hier ein Fowler Gyrotiller von 1936.

Parallel zur Entwicklung des Dampfbaggers gab es auch Experimente mit Kettenfahrzeugen, sogenannten „Raupenschleppern“. Zunächst wurden Dampftraktoren von Rädern auf Ketten umgestellt. Die erste Erprobung eines derartigen Holt-Dampftraktors fand im November 1904 in Stockton, Kalifornien, statt. Bei diesem Fahrzeug wurden die Räder entfernt und die Hinterräder durch Ketten ersetzt. Diese Ketten bestanden aus 7,6 x 10 cm großen Holzklötzen, die an eine Stahlkette geschraubt waren. Sie liefen über kleinere Räder, ein angetriebenes Kettenrad und ein Leitrad auf jeder Seite. Zunächst wurde das Gerät mit einem einzelnen Steuerrad gesteuert; später kam man auf die Idee, eine Kette über eine Kupplung vom Antrieb zu lösen, wodurch das Fahrzeug sich um die eigene Achse drehte. Von dort war es nur noch ein kleiner Schritt bis zum Raupenschlepper mit Ottomotor. Holt stellte seinen Schlepper 1906 vor. Im Jahr 1908 arbeiteten bereits 100 Kettenbagger am Wasseraquädukt für Los Angeles in den Tehachapi-Bergen.

In den Jahren nach dem Ersten Weltkrieg experimentierte die Best Company weiter mit Raupenschleppern und stellte 1921 eine neue Maschine vor, den Best 30 Tracklayer. Dieser hatte einen leichten Planierschild, einen Verbrennungsmotor und eine geschlossene Kabine. Anfangs gab es ständig Dispute zwischen den Firmen Best und Holt um die verschiedenen Typen von Raupenschleppern und die entsprechenden Patente. Holt hatte ein Patent auf Raupenschlepper, mit dem er von den anderen Herstellern wie Monarch, Bates und Cletrac Lizenzgebühren verlangen konnte. Im Ersten Weltkrieg belieferte Holt fast ausschließlich die US Army, während Best sich um die Landwirtschaft kümmerte. Später standen beide Firmen auf allen Märkten im Wettbewerb, aber keine konnte die andere übertrumpfen. Schließlich fusionierten sie im Jahr 1925 zur Caterpillar Tractor Company. Die neue Firma gab folgende Preise für ihre Produkte bekannt: Das Modell 60 kostete 6050 Dollar, das Modell 30 nur 3665 Dollar und der Zweitonner 1975 Dollar. Die Fusionierung zu einer Firma sollte sich als geschickte Maßnahme erweisen, denn die Preise der großen Raupenschlepper konnten gesenkt, der Absatz erhöht und der Umsatz mehr als verdoppelt werden. Von 1931 an wurden alle Caterpillar-Fahrzeuge im sogenannten „Highway Yellow“ ausgeliefert.

GYROTILLER

Der Land Rover mit langem Radstand wurde eine Zeit lang von der schottischen Firma Cuthbertson and Sons aus Biggar auf Ketten umgerüstet. Zu diesem Zweck erhielt das Chassis einen Hilfsrahmen mit acht Laufrollen. Jede Kette wurde von einem Kettenrad angetrieben, das anstelle der serienmäßigen Räder auf die Nabe gesetzt wurde.

Damit sahen die Fahrzeuge nicht nur freundlicher aus, was in den düsteren Jahren der Depression kein schlechter Schachzug war. Sie waren auch besser zu sehen und damit sicherer, denn sie wurden mehr und mehr im Straßenbau eingesetzt. Was zunächst noch ungewöhnlich war, sollte sich bald bei allen Baumaschinen durchsetzen. 1935 kam der Dieselmotor, und diese Modelle trugen die Bezeichnung RD (die Initialen für Rudolf Diesel; andere behaupten, dass das „R" für Roosevelt steht und das „D" für Diesel). Die darauf folgende Ziffer bezog sich auf die Größe des Raupenschleppers und die Motorleistung. So folgten dem RD4 von 1936 bald der RD6, der RD7 und der RD8. Bis dahin setzte die US-Forstbehörde bereits Maschinen wie den Cletrac Forty ein, der einen schrägen Planierschild vorn hatte. Also baute Caterpillar ein ähnliches Gerät mit dem Trailblazer-Räumschild von LaPlante-Choate. Ralph Choate lieferte Schilde, die andere Hersteller an ihre Raupenschlepper montieren konnten. Sein erster Schild wurde im Straßenbau zwischen Cedar Rapids und Dubuque in Iowa eingesetzt.
Das Halbkettenfahrzeug wurde entwickelt, um auch auf unbefestigten Straßen mobil zu bleiben, wo konventionelle Lastwagen schnell stecken blieben. Seine Geschichte reicht zurück in die Anfänge unseres Jahrhunderts. In den Vereinigten Staaten und Europa konzentrierten sich die Hersteller in erster Linie auf die Landwirtschaft. Holt, Nash und Delahaye boten derartige Fahrzeuge an; sie waren aber langsam und schwerfällig. Das sollte sich alles ändern, nachdem Adolphe Kégresse Anfang der 20er Jahre sein System in Frankreich vorstellte. Vor der Revolution hatte er in Russland Experimente mit Kettenfahrzeugen durchgeführt und war dann in sein Heimatland zurückgekehrt, wo er in Zusammenarbeit mit Citroën 1921 den Autochenile baute. Diese Fahrzeuge erwarben sich schnell einen guten Namen. Sie durchquerten als erste die Sahara (1922–1923) und führten auch eine Expedition durch Zentralafrika durch, die Croisière Noire von Algerien zum Kap (1924–1925). Das britische Heer interessierte sich für das System und erprobte Mitte der 20er Jahre einen Crossley-LKW mit dem Kégresse-System. Nach erfolgreicher Erprobung wurde daraus ein schwereres System entwickelt, das ideal für militärische Anwendungen war. Auch Länder wie Polen (Polski-Fiat) und Belgien (FN) beschafften Halbkettenfahrzeuge vom Typ Kégresse. In Großbritannien baute Roadless Traction Limited zahlreiche Fahrzeuge, darunter einen Foden-Dampflastwagen und einen Morris Commercial, auf Halbketten um. Später wurden Ferguson-Traktoren zu Raupenschleppern und Land Rover zu Traktoren für die Forstwirtschaft umgebaut.
Bei der Entwicklung der Planierraupe standen amerikanische und englische Firmen in vorderster Front. Die Schilde wurden zunächst von Hand verstellt und später elektrisch gesteuert. In den 20er Jahren entwickelte Robert Gilmour Le Tourneau, ein freiberuflicher Ingenieur und Hersteller von Erdbewegungsgeräten für Zugmaschinen von Holt, Best und später Caterpillar, ein neues Steuerungssystem, das die Einsatzmöglichkeiten der Planierraupe beträchtlich erweiterte. Bei allen drei Systemen erfolgte die Steuerung über Winden oder Seile. Erst später wurden die Schilde hydraulisch angehoben und gesenkt. In England erschien die Vickers Vigor, die aus den Raupenschleppern der Vickers-VR-Serie entwickelt wurde. Die Hydraulik wurde erstmals Ende der 30er Jahre bei Planierraupen eingesetzt, gerade noch rechtzeitig vor dem Zweiten Weltkrieg. Die Möglichkeiten der Planierraupen fielen den militärischen Planern auf, als sie beim Feldzug in Guadalcanal befestigte Verteidigungsstellungen und sogar noch besetzte Bunker räumten. Aurelio Tassone wurde der silberne Stern verliehen, weil er bei einer Strandlandung unter feindlichem Feuer einen Bunker räumte. Er fuhr den Strand herauf und hob den Schild an, um sich vor dem Feuer zu schützen. Kurz bevor er gegen den Bunker fuhr, senkte er den Schild ab. Später erhielten Panzer ebenfalls Räumschilde. Der Caterpillar D7 wurde im zweiten Weltkrieg auf allen Kriegsschauplätzen eingesetzt, und General Eisenhower zählte ihn zu den wichtigsten Faktoren für den Sieg. In den letzten Jahren wurde das Wort „Bulldozer" häufiger durch das Wort „Dozer" ersetzt.
Im Zweiten Weltkrieg unterbrach Studebaker seine Automobilproduktion und widmete sich ausschließlich dem Militär. In dieser Zeit baute Studebaker fast 200 000 2,5-Tonner vom Typ US6 mit 6x4- und 6x6-Antrieb. Die Hälfte davon ging im Rahmen des Leih- und Pachtabkommens in die Sowjetunion. Nach dem Krieg bauten die GAZ-Werke in Gorki eine fast originalgetreue Kopie davon. Daneben baute Studebaker Wright-Cyclone-Flugmotoren für die Flying Fortress und mehr als 15 000 leichte Kettenfahrzeuge vom Typ Weasel. Das Fahrzeug wurde

Ein JCB-Kettenbagger: Dieses gealterte Modell zählt zu den mittleren Baggern von JCB und hat wie fast alle anderen Modelle drei Hydraulikelemente, die den Tieflöffel und die vordere Schaufel steuern.

von den Studebaker-Ingenieuren entwickelt und kann als einer der Vorläufer der leichten Raupenschlepper gelten, die sich in kleinerem Format als Landmaschinen für Spezialaufgaben durchgesetzt haben. Man findet sie in Weinbergen ebenso wie auf kleinen Höfen, wo ein konventioneller Traktor oder Raupenschlepper einfach zu groß wäre.

Planierraupe Caterpillar D11R
Die Planierraupe D11R ist die größte Raupe im umfangreichen Programm von Caterpillar und kann mit riesigen Räumschilden bestückt werden. Der Räumschild 11SU hat eine Nennkapazität von 27,2 m^3, der 11U schafft sogar 34,4 m^3. Diese Schilde sind 5,60 bzw. 6,36 m breit und jeweils 2,37 m hoch. Wie bei den kleineren Modellen gibt es auch für die D11R eine Reihe von Spezialwerkzeugen, darunter Aufreißer mit einer oder mehreren Spitzen. Sie dringen in den Boden oder andere Materialien ein und reißen sie gründlich auf.

Technische Daten

Hersteller	Caterpillar
Baujahr	1996
Modell	D11R
Motor	Caterpillar 3508
Leistung	325 PS
Merkmale	Raupenschlepper; 3 Vorwärts- und 3 Rückwärtsgänge, Höchstgeschwindigkeit 11,6 km/h, Spurweite 2896 mm; Länge der Kette am Boden 6163 mm; Länge des Schleppers 6163 mm; Betriebsgewicht 98 413 kg.

Technische Daten

Hersteller	Caterpillar
Baujahr	1996
Modell	Challenger 75C
Motor	10 307 cm^3
Leistung	325 PS
Merkmale	Betriebsgewicht über 16 t; Mobil-Trac-Gummipolster.

Der Fortschritt in der Raupentechnologie wird besonders deutlich an diesem Caterpillar Challenger von 1996. Dies ist einer der Raupenschlepper aus dem Programm der Firma Caterpillar, deren Name in aller Welt längst zu einem Synonym für Raupen geworden ist.

Kapitel 7

Ähnliche Fahrzeuge

RECHTE SEITE: Der Gelenkkipper hat sich auch in der Landwirtschaft durchgesetzt. Mit seiner Geländegängigkeit, Wendigkeit und Vielseitigkeit ist er aber auch in vielen anderen Bereichen zu finden. Hier ein Terex 2566B beim Straßenbau.

Gelenkkipper

Gelenkkipper sind Lastwagen, die über ein Gelenk und einen Schwenkring im Rahmen verfügen, sodass die Kabine um den restlichen Rahmen schwenken kann. Damit ist das Fahrzeug so beweglich, dass selbst auf schwierigstem Gelände stets alle Räder am Boden bleiben. Diese Auslegung sorgt für sicheren Vortrieb, aber auch für Stabilität und Wendigkeit. Dank des Gelenks kann das Fahrzeug in der Mitte geknickt werden, sodass der ganze Rahmen mitlenkt.

Die ersten Gelenkkipper wurden in den 60er Jahren in Europa entwickelt, wo ungünstige Wetterbedingungen, gepaart mit räumlicher Enge, Fahrzeuge erforderten, die nicht nur große Lasten befördern konnten, sondern auch dort noch fahren konnten, wo Lastwagen mit starrem Rahmen nicht mehr durchkamen.

Im Grunde handelt es sich bei diesen Fahrzeugen um die Weiterentwicklung der Kombination aus Traktor und Anhänger. Inzwischen ist aus dieser Idee eines der vielseitigsten Erdbewegungsgeräte geworden.

Einer der ersten Gelenkkipper war ein 4x2-Lastwagen von Northfield Engineering, der erstmals 1961 bei der Internationalen Baumaschinenausstellung in Crystal Palace, London, vorgestellt wurde. Das Fahrzeug verfügte über Frontantrieb und eine Nutzlast von 11 t. Zu den weiteren Besonderheiten zählten eine Servolenkung und ein sensationell kleiner Wendekreis von 5,7 m.

Die Einsatzmöglichkeiten von Gelenkkippern sind fast unbegrenzt. Diese Fahrzeuge finden sich in der Landwirtschaft, in Steinbrüchen, im Landschaftsbau, auf Baustellen und beim Transport von Rohmaterialien. Die folgenden Vorteile gelten als besonders typisch für Gelenkkipper:

Beweglichkeit: Dank ihrer Auslegung können Gelenkkipper um 45° nach rechts oder links abbiegen und können so auf engstem Raum eingesetzt werden. Der 6x6-Antrieb in Verbindung mit den großen Geländereifen und dem Automatikgetriebe ermöglicht auch dort noch ein Durchkommen, wo sich konventionelle Fahrzeuge hoffnungslos festfahren.

2566B
29
NOBLET
TEREX

Vielseitigkeit: Die enorme Verbreitung der Gelenkkipper in den letzten Jahren ist der beste Beweis für die Einsatzfähigkeit und den hohen praktischen Nutzwert. Sie können in Gebieten mit extremen Wetterbedingungen eingesetzt werden. Dadurch lässt sich dort die Zahl der Arbeitstage pro Jahr erhöhen.

Bedienungsfreundlichkeit: Gelenkkipper sind keineswegs kompliziertе Geräte. Sie haben einfach zu bedienende Instrumente und Schalthebel. Die Kabinen sind nach ergonomischen Gesichtspunkten gestaltet, denn ein ausgeruhter Fahrer kann mehr leisten. Extras wie automatische Schaltgetriebe ermöglichen dem Fahrer, sich auf die Aufgaben auf der Baustelle statt auf den Gangwechsel zu konzentrieren. Besonders auf dem Markt der Miet- und Schulfahrzeuge haben sich Gelenkkipper durchgesetzt, denn die Bedienung lässt sich schnell erlernen.

Produktivität: Gelenkkipper sind unter allen Bedingungen produktiv und haben unter allen Erdbewegungsgeräten das günstigste Verhältnis zwischen Eigengewicht und Nutzlast. Die großartige Geländegängigkeit erspart das Suchen nach geeigneten Straßen. Dieser Faktor ist besonders wichtig bei kurzfristigen Baustellen und ständig wechselnden Einsatzorten.

Wirtschaftlichkeit: Der Anschaffungspreis für einen Gelenkkipper liegt niedriger als der anderer Erdbewegungsgeräte. Er ist sparsam im Verbrauch und kann mit wenig Aufwand von einem Einsatzort zum nächsten transportiert werden. Die meisten Gelenkkipper passen auf die üblichen Tieflader und benötigen keine speziellen Transportgenehmigungen.

Die Ursprünge der Moxy-Gelenkkipper liegen in den 60er Jahren. Der Norweger Birger Hatlebakk plante ein fortschrittliches Geländefahrzeug auf der Grundlage des Gelenkrahmens. Er glaubte, damit Erdbewegungen in schwierigem Gelände einfacher durchführen zu können. Die ersten experimentellen Modelle waren aber noch entwicklungsbedürftig, sodass Hatlebakks Firma Glamox die Rechte an einem anderen LKW erwarb, der bereits von der norwegischen Firma Overaasen gebaut wurde. Nun ging die Entwicklung schneller voran, und schließlich wurden die Gelenkkipper D15, D16 und D16B vorgestellt und in Serie gebaut.

Die Firma hieß zwar Glamox, die Fahrzeuge waren jedoch als Moxy A/S bekannt. Zunächst wurden sie nur für den heimischen Markt gebaut, aber als Gelenkkipper immer populärer wurden, gingen sie auch in den Export. Es wurde ein Händlernetz in Europa aufgebaut, das in den 70er und 80er Jahren für wachsende Erfolge sorgte. In den Vereinigten Staaten baute Leo H. Gerbus in Cincinnati die Moxy Trucks of America Incorporated auf. Er hatte immerhin 30 Jahre Erfahrung in der Bauindustrie. 1986 schloss Moxy ein Abkommen mit dem japanischen Hersteller Komatsu. Dieser verkaufte die Moxy-Fahrzeuge auf den Märkten, die nicht von Moxy beliefert wurden, unter dem Markenzeichen von Komatsu. Im Juni 1991 wurde die Firma umstrukturiert. Sie gehörte nun der norwegischen Bergbaufirma A/S Olivin und Komatsu. Danach wurde eine neue Reihe von Gelenkkippern entwickelt, die neben eigenen Komponenten über Motoren von Scania und Getriebe von ZF verfügten. Die aktuellen Moxy-Gelenkkipper haben einen permanenten 6x6-Antrieb und Nutzlasten zwischen 30 und 40 t. Inzwischen gibt es viele Hersteller von Gelenkkippern. Zu den BM-Gelenkkippern, die Volvo für die Landwirtschaft baute, zählte Mitte der 80er Jahre unter anderem der 5350 TC und der 5350B 6x6. Volvo BM – Bolinder-Munktell – hat die Konzeption des Gelenkkippers, von der Firma selbst als Transporter bezeichnet, verfeinert, und alle Fahrzeuge verfügen über Allradantrieb, eine 100%-Differenzialsperre an allen Achsen und ergonomisch gestaltete Kabinen. Das Automatikgetriebe sorgt für schnelle Gangwechsel und die schonende Behandlung aller Antriebskomponenten. Es ist auf höchste Leistung bei gleichzeitiger Sparsamkeit ausgelegt. Die Vorteile der Volvo-BM-Ge-

Technische Daten

Hersteller	Volvo
Baujahr	1996
Modell	A30C 6x6
Motor	Volvo TD103 KBE
Leistung	216 kW bei 2200 U/min
Merkmale	6 Vorwärts- und 2 Rückwärtsgänge, Höchstgeschwindigkeit 52,3 km/h, Reifen 30/65-R25; Radstand 4173 mm.

lenkkipper liegen besonders in ihrer ausgezeichneten Geländegängigkeit. Damit können auch bei widrigen Witterungsverhältnissen und schlechten oder fehlenden Straßen alle Termine eingehalten werden. Die Knicklenkung und das Gelenk im Rahmen halten das Fahrzeug unter allen Bedingungen einsatzbereit und sind damit der Schlüssel für die Geländegängigkeit. Die Konstruktion der Dreipunkt-Aufhängung sorgt für eine hohe Transportgeschwindigkeit auch auf schlechten Straßen.

Terex

Der Gelenkkipper Terex 2566C basiert auf einem voll verschweißten Kastenrahmen aus hochwertigem Stahl. Der Rahmen ist so ausgelegt, dass er auch der Belastung auf unebenem Boden ohne Probleme standhalten kann. Der vordere Rahmen nimmt den Motor, das Getriebe, die Hydraulik und die Kraftstofftanks auf und trägt die Kabine. Für die Gelenkverbindung sorgen zwei weit auseinander liegende stehende Drehzapfen, die in versiegelten Kegelrollenlagern laufen. Die Vorderradaufhängung ist wartungsfrei aufgebaut; ein vorderer Hilfsrahmen trägt die Vorderachse und ist gelenkig am Rahmen aufgehängt. Die Federung erfolgt über luftgefüllte Gummibalgen, die unabhängig von der Beladung stets das Niveau halten. Hydraulische Stoßdämpfer halten Stöße und Rückfederung unter Kontrolle. Die Hinterradaufhängung besteht aus Achsen, die über drei Gelenke mit Gummibuchsen am Chassis befestigt sind. Sie sorgen für die Einhaltung der Längsstabilität und halten die Lastwechselreaktionen unter Kontrolle. Die seitliche Führung erfolgt über Querstangen, die mit Kugellagern ausgerüstet sind. Diese Konstruktion sorgt dafür, dass die Ausrichtung der Achsen untereinander unter allen Bedingungen stets optimal eingestellt ist. Damit ist die Langlebigkeit aller Komponenten sichergestellt. Die Belastung der Hinterachse wird durch Ausgleichsträger mit zentraler Anlenkung gehalten. Die Achsen verfügen über Differenziale mit Schlupfbegrenzung, die bei Erfordernis automatisch in Aktion tritt. Die mittlere Achse hat zwei Differenziale – eines für die Halbwellen für den normalen Achsantrieb und das zweite für die Verteilung zu den anderen Achsen. Alle drei Achsen haben Spiralkegelraddifferenziale und eine sekundäre Untersetzung über außen liegende Planetengetriebe. Jede Nabe verfügt über luft- bzw. ölbetätigte Scheibenbremsen. Angetrieben wird das Fahrzeug von einem Cummins-Dieselmotor der Baureihe C und einem ZF-Automatikgetriebe 6WG 200 mit integriertem Drehmomentwandler. Die Gänge werden über die elektrische Steuerung hydraulischer Mehrscheibenkupplungen gewechselt. In allen Vorwärtsgängen sorgt eine automatische Wandlerüberbrückung dafür, dass keine Schlupfverluste entstehen.

Technische Daten

Hersteller	Terex
Baujahr	1995
Modell	Gelenkkipper 2566C
Motor	Cummins 6CTA8.3C
Leistung	190 kW (255 PS) bei 2000 U/min
Merkmale	6 Vorwärts- und 3 Rückwärtsgänge, Höchstgeschwindigkeit 42 km/h, Reifen 20.50-R25; Radstand 4080 mm; Länge 9445 mm.

Radlader

Der Radlader, ob nun mit Rädern oder Ketten und mit Tieflöffel, hat sich in erster Linie bei Aufgaben bewährt, die auch in den Bereich der Landwirtschaft hineingehen. Er wird aber für viele weitere Spezialaufgaben eingesetzt, besonders im Übertage-Bergbau und in Steinbrüchen, wo große Mengen an Gestein zu transportieren sind. Er eignet sich auch für bestimmte Anwendungen in Land- und Forstwirtschaft, so beispielsweise für den Transport von Baumstämmen. Um die Radlader besonders vielseitig zu machen, bieten die meisten Hersteller ein breites Spektrum an Anbauteilen an. Es gibt Löffel in verschiedenen Formen und Größen, und in vielen Fällen gibt es auch Stapler. Die Löffel unterliegen besonderer Abnutzung, da sie ständig in Kontakt mit harten Materialien stehen. Daher werden sie von den Herstellern immer mehr so gebaut, dass die am meisten gefährdeten Teile schnell und einfach durch Ersatzteile ersetzt werden können.

Ferguson

Zwei alte Traktoren bei der Historisch Festival Rally in Panningen, Niederlande. Gegenüber ein Ferguson T20 und links ein Hanomag-NATO-Schlepper von 1962.

Register

Seitenzahlen in Kursivschrift beziehen sich auf Abbildungen.